地学中方向性变量的多尺度空间分布模拟

刘春学　倪春中　吕　磊　谭　晓　著

科　学　出　版　社

北　京

内 容 简 介

本书针对自然界中广泛存在的方向性变量，如断裂、断层、裂缝、裂纹、节理等，研究方向性变量各属性间的关系、跨维数转换、跨尺度联系、跨尺度三维空间分布模拟的理论方法体系，编写相关的程序，并根据在云南个旧锡矿高松矿田获取的一维、二维裂隙样本数据模拟裂隙网络的三维空间分布，为地质资源预测、工程稳定性评价、地质灾害预报、核废料处置等领域的研究和工作提供科学的定量依据。

本书可供地球科学及其相关领域主管部门和企业的管理人员、工程技术人员参考，也可作为科研院所和高等院校的科研人员和研究生的参考用书。

图书在版编目(CIP)数据

地学中方向性变量的多尺度空间分布模拟/刘春学等著. —北京：科学出版社，2017.6

ISBN 978-7-03-052959-6

Ⅰ. ①地…　Ⅱ. ①刘…　Ⅲ. ①地质学–变量–三维–空间–分布模型　Ⅳ. ①P5

中国版本图书馆 CIP 数据核字(2017)第 116478 号

责任编辑：刘浩旻　韩　鹏　陈姣姣/责任校对：何艳萍

责任印制：张　伟/封面设计：耕者

科学出版社出版

北京东黄城根北街 16 号

邮政编码：100717

http://www.sciencep.com

北京九州迅驰传媒文化有限公司 印刷

科学出版社发行　各地新华书店经销

*

2017 年 6 月第　一　版　开本：787×1092　1/16

2018 年 1 月第二次印刷　印张：9 1/2　插页：1

字数：220 000

定价：88.00 元

(如有印装质量问题，我社负责调换)

前　言

方向性变量在自然界的各个尺度上都广泛存在，其发达程度和空间分布影响着地质体的稳定性和工程建设的安全性，在地质资源勘探和开采、水利水电、地质环境等领域具有重要意义。

近年来，方向性变量研究主要集中在裂隙的几何和物理特性、属性关系，以及裂隙网络特征和模拟等方面。而裂隙样本数据主要是基于钻孔或岩墙等获取的一维或二维资料，三维样品数据虽可用核磁共振等方法观测，但能观测的样品尺寸非常微小(厘米级)，远不能满足实际应用中最重要的中尺度(米级、千米级)研究。

本书通过解明方向性变量的跨维数、跨尺度联系，建立能对方向性变量的多尺度三维空间分布进行模拟和预测的理论方法体系，实现用少量的、低维的、不全面的观察数据来预测和模拟方向性变量的中尺度三维空间分布(网络)，并根据云南个旧锡矿区的实际应用，建立更精确的理论方法体系，编制相应的程序。本书主要包括以下内容：

方向性变量各属性间的关系。通过云南个旧锡矿区的资料总结方向性变量各属性之间的关系，包括位置、方向、大小、隙宽、密度、充填物等。

方向性变量的跨维数转换。从低维一维和二维迹线资料反演推断方向性变量的三维分布，包括方向性变量的各种属性和特征由一维向二维、一维向三维、二维向三维转换的途径和方法。

方向性变量的跨尺度联系。根据方向性变量尺度不变性和统计自相似性，应用分形理论归纳总结方向性变量的跨尺度规律，具体包括长度分布、密度分布、从聚规律、空间相关规律、裂隙数目等。

方向性变量跨尺度三维空间分布模拟的理论方法体系。建立方向性变量三维空间分布模拟的理论方法体系，包括方向性变量属性分解、密度估计、位置生成、主成分分析及反演、方向分布估值、属性综合、网络联结等。

云南个旧锡矿高松矿田应用。根据云南个旧锡矿高松矿田实际观察和实验得到的样本裂隙资料数据进行裂隙网络空间分布的模拟，并根据实际情况进行验证、修改裂隙网络模拟方法的缺陷。

本书在成书和相关研究工作开展的过程中得到了云南财经大学、昆明理工大学、云南锡业股份有限公司等单位的大力支持；课题组成员燕永锋、雷迪、尹宏等同志，崔翔、贾玉伟、邓明翔、季正伟、李春雪、李婕、詹怡勤、雷荣林、李悦、金欢、翟羽佳、屈秋实、张蔚、秦建楠、杨花平、葛露婷、赵婧雯、游泽兴、潘宁宁、杨智鹏、王程民、郑宇、李宝、徐爽、徐玉昆、陆思桥、任园园等研究生做了大量的工作；云南锡业股份有限公司的武俊德、童祥、韦松、朱文捷、康德明、陆荣宇、唐国忠、芦磊、赵博等给予了极大的支持；云南省地质矿产勘查开发局的郭良、昆明理工大学的陈刚、云南财经大学的朱洁等做了卓有成效的工作；日本京都大学的小池克明和久保大樹、北京理工大学的李建武、云南财经大学的张洪等专家学者都提出了很好的意见建议。在此表示由衷的谢意。

本书的主体是国家自然科学基金项目的研究成果，在研究和出版过程中均得到了国家自然科学基金（NSFC）项目(40902058)、云南锡业股份有限公司、云南财经大学西南边疆山地区域开发开放协同创新中心研究项目的资助。

由于作者水平有限，书中难免存在疏漏之处，敬请广大读者批评指正。

著　者

2017年2月

目　录

第一章　方向性变量的属性特征

由于在实际观察中很难获得方向性变量所有属性的资料，而这些属性对于方向性变量在相关领域中的影响又非常重要，在矿产资源形成和赋存、基础设施建设和利用等领域均有重要意义，因此归纳提取方向性变量各属性之间的关系是弥补其属性数据缺失的重要途径。

第一节　裂隙(网络)概述

方向性变量在地球科学中广泛存在，是地球科学中的一类重要变量，如断裂、断层、裂隙、裂缝、裂纹、节理等。方向性变量在各个尺度上都广泛存在，大到卫星上才看得全的几十千米、几百千米的区域性大断裂，小到在显微镜下才看得清楚的几纳米、几微米的岩石晶体裂纹等。

一、裂隙的概念

1. 裂隙的定义

裂隙(fracture)是在一系列矿物形成岩石之后，受地应力(如剪切、拉伸、压迫、振动等)的变化影响而产生变形，造成岩体产生破裂，随后被一些物质充填(或没有充填)就形成了各种揭露面上看到的不连续性，其形状看起来无规律可言，主要与岩体性质、地应力大小及方向有关。

裂隙在不同的学科中有不同的定义。地质地貌学中裂隙是断裂构造的一种，通常指岩体中产生的无明显位移的裂缝。水文地质学中裂隙是指固结的坚硬岩石(沉积岩、岩浆岩和变质岩)在各种应力作用下破裂变形而产生的空隙。

本书关于裂隙的定义为地球表层岩石中的不连续间断面，小到几微米的晶体裂纹，大到几千千米的断裂带。裂隙网络(fracture network)是指一组可能相交或可能不相交的独立的裂隙的集合。

2. 裂隙的表征

裂隙的表征包括位置、大小、形状、方向等因素。裂隙的空间位置可以用裂隙面中心点的 p 在笛卡尔直角坐标系(或者极坐标系)中的坐标来表示。裂隙的确切形状目前还无法获得，但一般可以被近似地视为大致的平面或曲面，形状上可以被认为是不规则的多边形(Dershowitz and Einstein，1988)或薄圆盘(Einstein and Baecher，1983；Long and Witherspoon，1985)，本书假设裂隙为圆盘。裂隙的大小一般总是假设用一个单一的长度来描述，对圆盘形裂隙可以用其直径 $2R$ 表示，对多边形裂隙可以用其外接圆的直径 $2R$ 表示。裂隙的方向可以用裂隙面的单位法线来表示，也可以用地质上常用的方位(包括走向、倾向、倾角)来表示。

考虑 XYZ 的直角坐标系，裂隙面在三维空间的表征如图 1-1 所示。裂隙的位置为 $p(x,y,z)$；裂隙的大小用圆盘直径 $2R$（或半径 $2r$）表示；裂隙的方向可以用其走向 α 和倾角 β 来表示，也可以用其单位法线矢量 $\boldsymbol{n}$ 来表示；裂隙的宽度用 b 表示。

裂隙单位矢量法线 $\boldsymbol{n}$ 在球面坐标上的表示为

$$\begin{aligned}\boldsymbol{n} &= (n_x, n_y, n_z)\\ &= (\sin\theta\cos\varphi, \sin\theta\sin\varphi, \cos\theta)\end{aligned} \tag{1-1}$$

式中，φ（$0 \leqslant \varphi \leqslant 2\pi$）为裂隙面单位法线矢量在 XY 平面的投影线与 X 轴之间的角度，θ（$0 \leqslant \theta \leqslant \pi/2$）为裂隙面单位法线矢量与 Z 轴的夹角。

若用裂隙面的走向、倾角表示，则其方向可以用裂隙面中的 pp_0 方向的单位矢量在 XYZ 轴的分量表示，形式如下：

$$(\sin\beta\cos\alpha, \sin\beta\sin\alpha, -\cos\beta)$$

实际观察中一般难以直接观察三维的裂隙，而只能通过三维裂隙与一维和二维观察窗口的交切痕迹进行测量，即一维交切线上的点和二维交切面上迹线(trace)。迹线的长度用 l 表示(图 1-2)。

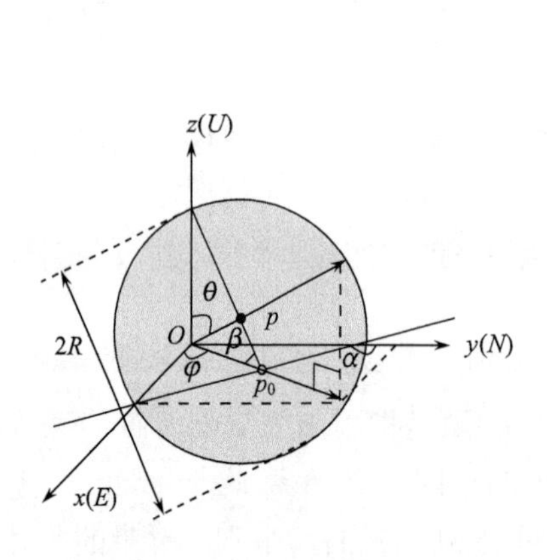

图 1-1　裂隙的空间表征

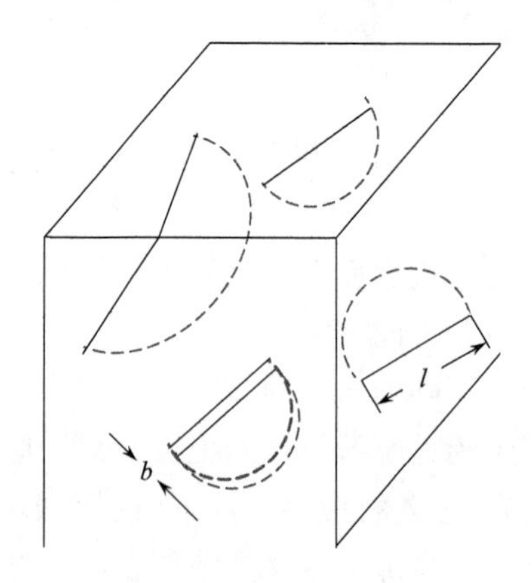

图 1-2　裂隙迹线示意图

3. 裂隙的特点

自然界中的岩石由于成分及应力的不均，其中的裂隙具有一些显著的、区别性的特点，主要可以归纳为以下几个方面。

1)范围广

裂隙在自然界中的分布范围非常广泛。在规模上裂隙可以覆盖从亚毫米的裂纹到数百千米长的断裂，在领域上裂隙可以包括自然岩体(石)和人工建造物。其观察和测量方法也非常广泛，可以包括卫星、飞机上获取的遥感影像，也包括电子显微镜下的矿物图像。

2）观察难

裂隙的观察主要依赖于二维迹线图，而三维裂隙网络与其二维截面之间有很大的差异。近来在三维裂隙网络观察方面取得了许多进展，其中一个例子是把一块有细密纹理的花岗石锯成平行的 9 片，在每个岩片上画出裂隙，并在每片贴上相同的标签（Ledesert et al.，1993）。

3）随机性

从许多例子中都可以清楚地观察到裂隙的随机性，这就需要对真实的裂隙网络或迹线图作统计分析。例如，在迹线图上可以得到裂隙数目、长度等的概率密度。

4）过同一位置

裂隙（面）的一个重要特点就是在同一空间位置可以有若干个裂隙通过。这显著区别于一般的在同一空间位置只有一个物质存在的现象，如矿物、污染物等在某一特定的空间位置只能排他性的存在。

二、裂隙的分类

裂隙按照不同的标准和用途可以分为不同的种类。

1. 按裂隙规模分类

根据裂隙的发育规模，不同尺度的裂隙可以包括断裂带（fracture zone）、断层（fault）、层理（stratification）、节理（joint）、矿脉（vein）、裂缝（crack）、裂纹（fissure）、解理（cleavage）等（图 1-3）。

断裂带是指由主断层面及其两侧破碎岩块，以及若干次级断层或破裂面组成的地带，亦称“断层带”。

断层是指地壳岩层因受力达到一定强度而发生破裂，并沿破裂面有明显相对移动的构造，剪切断层两盘移动方向平行于断层面，其规模可达几千千米。

节理是指岩石裂开而裂面两侧无明显相对位移的裂缝，可有一定的张开度，但没有矿物充填发生，往往是决定岩石或岩体强度最主要的因素，一般为 10^0~10^3m。节理的一般岩体受“拉”和“剪”作用形成剪节理或张节理，一般是正对岩体说的，没有位移的断裂。一般来说剪节理较为规则，张节理有时规则有时不规则，如 X 型共轭剪节理、雁列式张节理、树状张节理等。一般来说，节理能明显地反映岩体的受力方向，但是裂隙则不能。

矿脉是指以板状或其他不规则形状充填在各种岩石裂缝中的矿床。矿化前裂缝可能经历过剪切位移，矿化后期裂缝的宽度扩大，提供容矿空间。

裂缝是指长度通常大于 5mm、宽度大于 0.5mm 的裂隙。

图 1-3　裂隙类型图

裂纹是指岩石在应力作用下长度小于 5mm、宽度小于 0.5mm 的裂隙，如岩石样品中矿物内部的小裂纹，长仅几微米。

解理是指在矿物中存在的，呈 2 组或 3 组交叉，把矿物分成一些规则的块体，解理的形成与矿物结晶后内部结构和受到外力打击有关，如方解石有 3 组解理，所以当用肉眼观察方解石矿时，会看到一个大的平行六面体内又有许多小的六面体。

2. 按裂隙成因分类

由构造应力作用形成的裂隙叫做构造裂隙或节理。由于构造应力在一个地区有一定的方向性，因此由构造应力形成的各种构造裂隙在自然界中的分布是有规律的，排布方向是一定的。

构造裂隙按力学性质分类，可分为张裂隙和剪切裂隙两种(张文佑，1962；唐辉明、晏同珍，1993；沈成康，1996；范天佑，2003)。另外，对形态微细、分布密集、相互平行排列的构造裂隙，又称为劈理。根据断裂力学理论，按固体中的裂隙面与附加应力之间的关系，从力学上将裂隙分为三种基本状态，即张开型裂隙、剪切型裂隙和撕开型裂隙，如图 1-4 所示。

张开型裂隙：裂隙受垂直于裂隙面的拉应力作用使裂隙面产生垂直于裂隙面的张开位移，是自然界和工程建设中最常见的一种裂隙模式。张开性裂隙具有产状不甚稳定、延伸不远，单条节理短而弯曲，常侧列产出；表面粗糙不平、无擦痕；在胶结不太坚实的砾岩或砂岩中的节理常常绕砾石或粗砂粒而过，如切穿砾石，破裂面也凹凸不平；多开口，一般被矿脉充填的特征。脉宽变化较大，随深度而减小，壁面不平直；有时呈不规则的树枝状，各种网络状，有时追踪 X 型节理、单列或共轭雁列式张节理，有时呈放射状或同心圆状组合形式。

剪切型裂隙：也叫滑开型裂隙，是指裂隙受平行于裂隙面，并且垂直于裂隙前缘的剪应力作用，使裂隙面在其平面内相对滑开。剪切裂隙产状较稳定，沿走向和倾向延伸较远；较平直光滑，有时具有因剪切滑动而留下的擦痕，未被矿物充填时是平直闭合缝，如被充填，脉宽较为均匀，壁面较为平直：发育于砾岩和砂岩等岩石中的剪节理，一般穿切砾石和胶结物；典型的剪节理常常组成 X 型共轭节理系，X 型节理发育良好时，则将岩石切成菱形，剪性结构面往往成等距排列；主剪裂面由羽状微裂面组成，羽状微裂面与主剪裂面的交角一般为 10°~15°，相当于内摩擦角的一半。

撕开型裂隙：裂隙受平行于裂隙面，并且平行于裂隙前缘的剪应力作用，使裂隙相对错开。

如果裂隙同时受正应力和剪应力的作用，或正应力与裂隙成一角度，这时就同时存在张开型和剪切型裂隙，或张开型和撕开型裂隙，称为复合型裂隙。

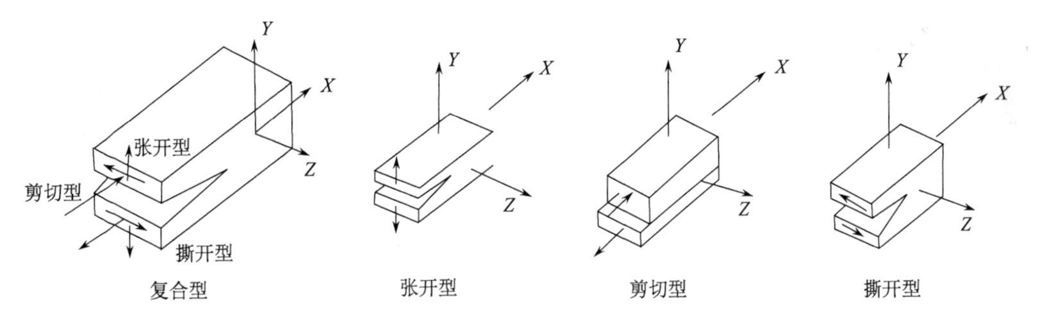

图 1-4　裂隙成因类型图

3. 按裂隙位置分类

裂隙也可以按照其在岩石中的位置进行分类，一般可以分为穿透裂隙、表面裂隙和埋藏裂隙三种裂隙，如图 1-5 所示。

穿透裂隙：通常是指裂隙延伸到岩石厚度一半以上的视为穿透裂隙，并作理想裂隙处理，即裂隙尖端的曲率半径趋近于零。穿透裂隙可以是直线、曲线或其他形状的。

表面裂隙：位于岩石表面或裂隙深度相对岩石厚度较小就作为表面裂隙处理。对于表面裂隙常简化为半椭圆形裂隙。

埋藏裂隙：位于岩石内部，常简化为椭圆片状裂隙或圆片裂隙。

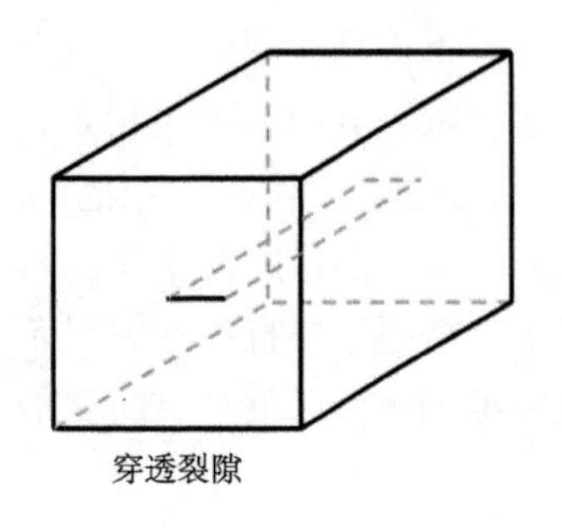

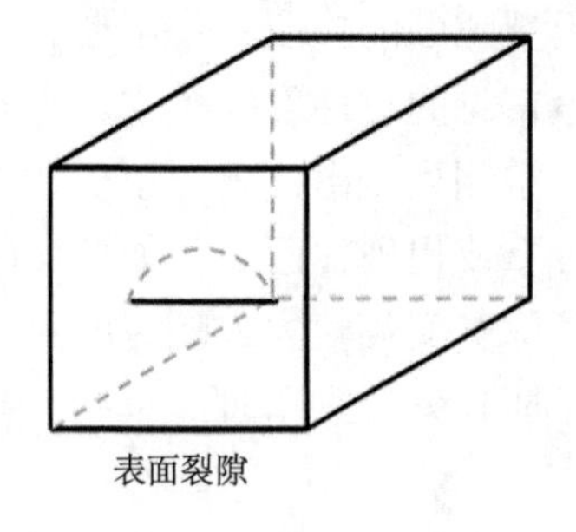

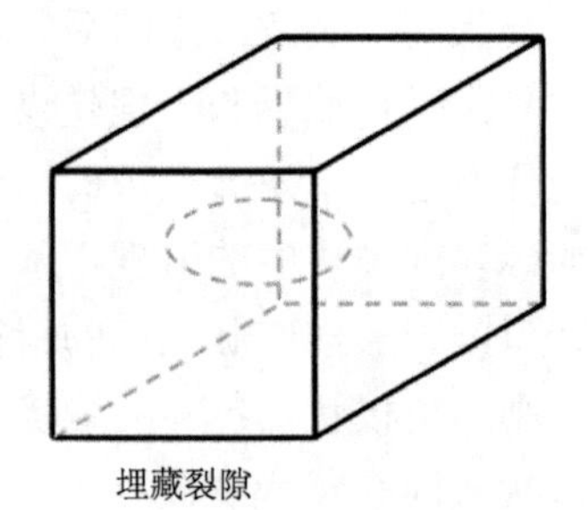

图 1-5　裂隙位置类型图

三、裂隙的作用

方向性变量控制着许多地质资源的形成及空间赋存，其发达程度和空间分布也影响着地质体的稳定性和工程建设的安全性，在地质找矿、地震预测、地质灾害防治、矿山开采、核电站选址、高危放射性核废料储埋库、水库大坝、交通建设等领域具有重要意义。

矿产资源的开发与利用，在我国国民经济发展和西部大开发战略中无疑具有重要的意义。裂隙系统的形成和演化与成矿具有密切的内在联系，地壳中矿产的分布是受一定的地质构造控制的，矿区内经常发育不同时期、不同规模、不同产状和不同性质的断裂构造，是含矿气液流体运移扩散的通道和沉淀、赋存的空间，控制着不同规模和不同产状的矿体。许多金属和非金属矿产的形成及空间赋存都与断裂构造和次级节理裂隙密切相关。例如，云南个旧地区原生锡、铜矿床的矿床形成和分布与断裂构造关系密切(庄永秋等，1996)，断裂构造交汇点一般被认为是矿床分布的重要因素。我国的许多金矿，如山东焦家金矿(张佳楠，2012)、贵州黔西南金矿(张蕾等，2012)、广西明山金矿(王立德等，2008)等，矿区断裂控矿规律性强，构造及裂隙为矿床形成过程中含矿热液的运移及富集提供了重要的通道和空间。此外，许多已形成的矿产还会受到后来构造运动的影响而变形。因此，地质构造与矿产形成之间的时空规律在矿产普查勘探和采矿过程中起着重要的作用。

断层是金属、煤矿开采中常见的一类地质构造形态，众多的巷道群往往无法避开(黄超，2012)。在断层形成过程中通常伴随着巨大的能量释放，因此断层带附近围岩一般比较破碎。这些断层通常产生次生断层及破碎带，围岩节理发育明显，岩层破碎松软，裂隙渗水大，围岩变形呈现出软岩特征。断层的出现给矿井安全生产和掘进工作造成了极大的影响，当掘进工作面与断层相遇时，由于顶板破碎程度高、破碎范围大，巷道极易发生冒顶事故。因此，断层的性质及空间分布，对巷道的掘进、冒顶及片帮事故的发生具有重要影响(王振等，2012)。

在爆破作业工作中，断层破碎带是药室布置时要考虑的首要因素。由于破碎带中裂隙发育，应尽可能减小药室在破碎带中的穿越长度，使药室与破碎带呈正交或大角度斜交(李艳青，2012)。

煤层中赋存的瓦斯严重威胁井下安全生产，其生成、运移、保存条件、赋存都与断裂构造有着密切的关系(季荣生等，2005)。一般压性断层受到较大压应力，导致结构致密，透气性很差，周围煤岩体的瓦斯沿断层向上运移过程中阻力较大，因此压性断层易于保存瓦斯。而受张应力生成的张性断层则由于结构松散，断层泥发育，易于瓦斯逸散。且越靠近断层处瓦斯压力及含量值越小，瓦斯涌出量越小。煤与瓦斯突出还与断层的空间方位有很大的关联，几乎总是发生在沿着平移断层、逆断层或正断层变形强烈的区域。断层附近构造应力集中，当采掘工作面邻近时，受采动影响，一部分吸附瓦斯会解吸为游离瓦斯，瓦斯压力及含量都显著增大，一旦采掘影响到前方的应力集中区，诱发该部位应力突然释放，就有可能发生煤与瓦斯突出事故(陈书平，2010；李普等，2011；谢法桐等，2011)。

另外，在含水层中进行矿床开采时，需要研究裂隙对水的隔离性能及对底层的复合性破坏作用，防止突水事故。断层突水是煤矿突水事故中的重要类型，直接威胁着矿井的安全。当地下煤炭资源被采出后，采区原有的三向应力状态被打破，上覆岩层失去支撑力而变形、破断甚至移动，并且这种移动有可能延展至地表，最终诱发地表沉陷(周瑞光等，2000)。

地热、矿泉及地下水的开采，需要根据裂隙的空间分布和联通情况制定科学的开采方案，并创造出更好的破裂面和渗流条件以提高开采率。石油、天然气通常分布在背斜的顶部或具圈闭条件的断裂构造中。我国含油气盆地的形成与分布都受深大断裂的控制，几乎所有无机成因的烃都是通过深大断裂从地下深处运移上来的(杜春国等，2004)。断裂对油气成藏的控制表现在深大断裂控制着深源无机二氧化碳气藏的形成与分布，平面上延伸较远的大断裂往往有利于油气侧向运聚成藏，断裂除了作为油气垂向运移的通道外，较大的断裂还可以作为油气侧向运移的通道，使油气沿断层进行侧向运移和聚集。断层垂向封闭性及其变化则控制着油气的聚集，首先较好的断层垂向封闭性有利于油气的运移与聚集，其次断层在垂向上封闭性变化控制着油气分布层位断层活动和封闭控制不同类型圈闭的形成。

水利水电工程建设中，在修建水利设施、水电工程时因开挖会引起岩石裂隙的延展和贯通，无论渠壁、坝肩、坝基、边坡或地下厂房都会发生强度和稳定性的恶化或渗流问题，威胁水工建筑的安全，造成安全事故，如法国的马帕塞、意大利的瓦依昂大坝、巴西的伊泰普坝、印度的巴克拉坝、澳大利亚的沃勒甘巴坝，以及我国的龙羊峡、葛洲坝、二滩、三峡等世界著名的大型水电工程都存在由裂隙产生的问题，有的甚至产生了灾难(廖建忠、文军，2012)。

核废料、高污染化学废料、二氧化碳等的地下存储需要特别关注裂隙问题，若处置不当则会通过裂隙由地下水将污染物带入人类的生存地域，严重危害生态环境。近年来，我国核能获得了较大的发展，必须安全的处置核动力反应堆产生的大量放射性废物，将其与人类环境相隔离(李洪训，2008)。目前放射性废物一般都建在和计划建在基岩中，如花岗岩、玄武岩、盐岩和泥质岩等，在这些基岩中，往往存在断层和节理，是核污染物向环境迁移的最主要通道。核废物在基岩裂隙介质中进行地质处置是否可以确保安全，在相当程度上取决于裂隙岩体对废物的屏障功能和作为核废物迁移载体的裂隙水的运动特征。

在地质灾害领域，断裂节理可能会间接或直接造成地表形变、地裂缝、崩塌、滑坡和泥石流的形成(王帅等，2012)，导致诸多地质灾害的发生，其中地表形变与地裂缝虽然形成过程非常缓慢，但如果活动断裂贯穿于城市地区，将会引起建筑物产生不均匀形变，造成建筑物倾斜、变形、开裂甚至倒塌(朱江皇、蒋方媛，2008)；此外，给排水管道、燃气管道等生命线工程也可能造成不同程度的破坏，从而导致各种灾害呈链式发生。

在基础设施工程建设中，如各种交通隧道和桥梁、城市地铁、公路，也都因为底层的破裂和透水性影响了工程的稳定性或造成事故。断层地段岩体破碎松散、自稳能力差，常导致工程岩体失稳(李志厚等，2008)，所以公路和隧道工程选线，应尽量使隧道避开断层，但很多情况不可避免地需要穿越断层(邵江、许吉亮，2008；李建军等，2009)。因此需要系统了解断层区域的应力、地质、工程、环境条件及其对隧道开挖的影响规律及防治对策，满足我国基础设施工程建设的需求。

四、裂隙的研究

近年来，方向性变量的研究一直是一个活跃的领域，国内外不同的学者针对不同领域中的方向性变量开展了大量的研究。按照方向性变量研究的侧重点不同，目前关于方向性变量的研究可以分为裂隙和裂隙网络两个方面。

1. 裂隙研究现状

关于裂隙的研究涉及很多科学和领域，不同的学者根据各自的研究侧重点开展了许多深刻的研究，主要集中在方向性变量的几何特性(产状、大小、迹线长度)、表面形态、水力特性、能量传递、演化机理、破裂模式等方面的探讨，或是方向性变量的各种属性的分布规律及其相互关系的探讨。

1) 几何特性

裂隙在二维空间中是一条线，在三维空间中结构面被抽象为一种平面形态。它是对岩体裂隙面描述的基本要素。Snow(1990)研究认为，可以把裂隙面形态看成椭圆形或圆形。大量实测资料表明，在层状介质中，裂隙面平面形态为长方形，在均质接近岩体中则为近似圆形。

Baecher 等(1997)提出了测线测量法，该方法通过露头面测量裂隙面的迹线长度。Priest 和 Hudson(1981)对有限露头面上迹长分布的几何概率和半迹长的计算方法作了进一步的研究，认为迹长概率分布一般满足对数分布或负指数分布。金曲生等(1997，1998)作过此方面的研究，提出了根据测量窗口与结构面的交接关系来计算裂隙面密度。

在裂隙的形状方面，各学者先后提出了描述裂隙形态的正交结构模型，正交模型由 3 个正交方向的等距平面组成，是一种确定性模型。随后，有学者逐步提出了圆盘模型和多边形模型。圆盘模型端部尖灭于完整岩石之中；而多边形模型以交接线与另一组裂隙连接。万力等(1993)提出了把裂隙面作为多边形的假定，提出了三维裂隙网络的多边形单元渗流模型。王恩志(1993)假定裂隙面为圆盘形，提出了裂隙网络非稳定渗流模型。

2)表面形态

众多学者研究了断层表面粗糙度几何特征(Power et al.，1987，1988；Power and Tullis，1991；Schmittbuhl et al.，1993；Lee and Bruhn，1996；Power and Durham，1997；Renard et al.，2006；Sagy et al.，2007)。谢和平(1992)运用分形几何详细讨论了岩石节理面的粗糙度。张仕强等(1998)利用光电三维面形自动测量系统，测量了沉积岩裂缝的表面形态，同时对裂缝合成表面的频谱进行分析，得出了描述裂缝两表面相关性的参数裂缝特征尺度。孙洪泉和谢和平(2008)运用少量已知数据，模拟出未知岩石断裂表面。张鹏等(2009)从定义裂隙表面三维几何形态离散化后的局部倾斜角与局部坡向入手，提出描述裂隙各向异性的三维表面粗糙度参数 JRC 估计方法。Amitrano 和 Schmittbuhl(2002)研究理论断裂带断层泥如何影响断层表面的粗糙度。Peyrat 等(2004)认为断层表面的粗糙性质控制着地震滑移断层的分布，并且断层的粗糙处往往是一些活动断层的应力集中处(Marsan，2006；Schmittbuhl et al.，2006)。

3)水力特性

20 世纪 50 年代以来，许多学者研究了裂隙的渗流试验。Snow(1969)引入了裂隙岩体的渗透张量概念，以期更好地描述渗透系数各向异性。张奇(1994)运用有限元技术对圆形、矩形两类裂隙中接触面对水流影响进行了计算分析。马峰(2011)对黄岛地下水封石油洞库裂隙岩体的渗透性进行了研究，构建了裂隙结构面网络和裂隙渗流模型，从裂隙渗透张量以及裂隙网络连通性两方面来分析研究区的渗流特征。王鹏等(2003)确定和修正了裂隙岩体渗透张量，消除裂隙非贯通性和充填物对渗透张量的影响。柴军瑞和仵彦卿(2003)、向晓辉等(2006)基于流体力学的基本理论和二维岩体裂隙网络渗流原理，推广得到了三维岩体裂隙网络渗流基本方程。将三维岩体裂隙网络渗流理论及有限元数值方法应用于主干岩体裂隙网络渗流分析中。刘继山(1987)、Tsang 和 Tsang(1987)考虑了裂隙面粗糙度对过流能力的影响。于青春等(1995)、何杨等(2007)根据实测情况进行了水力学特征三维非稳定渗流实验，介绍了非连续裂隙网络及其水流自动模拟系统，针对实测的非连续裂隙网络，就其等效多孔介质的存在性非连续裂隙网络系统的边界效应等进行了分析。Witherspoon 等(1980)、Brown(1987)、Zimmerman 和 Bodvarsson(1996)，Yeo(2001)运用格子-Boltzmann 方法模拟了粗糙裂隙表面流体的运移特征。Keehm 等(2006)对砂岩挤压带的渗透各向异性作了详细研究。很多学者使用离散裂隙网络模拟技术计算区域范围内岩体渗透系数，与抽水试验得到的结果较一致(Dershowitz and Einstein，1988；Caine and Tomusiak，2003；Surrette et al.，2008；Voeckler and Allen，2012)。Jeong 等(2001)运用地质统计学方法建立了隙宽裂隙网络，并探讨了单个裂隙内流体运移随隙宽变化的规律，总结出岩体渗透率与裂隙表面粗糙度及接触带有关，与

Zimmerman 和 Bodvarsson (1996) 得到的结论相吻合。Long 和 Witherspoon (1985) 假设所有裂隙长度、方向和连通率相同，运用泊松分布模型建立了裂隙密度、长度与岩体平均渗透率之间的关系。

4) 能量传递

赵忠虎和谢和平 (2008) 从理论上分析了用能量方法研究岩石破坏问题的合理性，以及岩石在变形过程中弹性能、塑性能、表面能、辐射能、动能之间相互转化的过程、计算原理，以及对岩石破坏所起的不同作用。陈旭光和张强勇 (2010) 以单轴压剪破坏为例分析了岩石破坏过程能量的传递、转化，认为总的趋势是由机械能转化为热能、表面能。王明洋和钱七虎 (1995) 据断层与节理裂隙带的几何关系，运用应力波通过裂隙传播理论，分析了应力波通过节理裂隙带的衰减规律。杨淑清 (1993) 通过天生桥二级水电站引水隧洞相似材料岩爆机制物理模拟试验，总结出围岩劈裂破坏和剪切是造成岩爆的两种机制。苏承东和张振华 (2008) 研究了岩样不同围压下三轴压缩的塑性变形量、能耗与损伤岩样单轴压缩时的强度、平均模量、能耗特征的变化规律。杨松林等 (2003) 以单轴应力和静水应力状态为例，分析了单裂隙变形过程中裂隙尖端局部能量释放和裂隙整体变形能量的等效性。

Hoek (1990) 认为岩爆是高地应力区硐室围岩剪切破坏作用的产物。Zoback (2003) 在解释钻孔崩落现象成因时，认为类似“岩爆”的孔壁崩落破坏属剪切破坏。

5) 演化机理

王国艳等 (2011) 采用岩石破裂过程数值分析系统对特定应力条件下岩石裂隙演化过程进行数值模拟，根据获得的不同应力状态下裂隙扩展的图片研究初始裂隙长度、裂隙数量对岩石裂隙分形维数的影响，根据岩石裂隙分维-应力曲线将岩石裂隙扩展演化过程分为 5 个阶段。郜进海等 (2004) 运用相似模拟理论，针对巨厚薄层状复合顶板条件，在实验室进行相似模拟试验来观察裂隙的演化规律。

6) 破裂模式

岩石是一种含有多裂纹的高度非均匀材料，其变形破坏过程实质上是岩石材料中裂纹的萌生、扩展、相互作用直至最后贯通破坏的动态演化过程。施行觉 (1991) 沿郯庐断裂采集了花岗岩、大理岩、石灰岩、砂岩四种样品，说明岩石断面的分维与样品大小无关，岩石破裂模式具有自相似结构。郭彦双等 (2007) 采用含张开型表面裂隙辉长岩试样，对单轴压缩荷载作用下预制裂隙的破裂模式进行了试验研究，认为原生裂隙的倾角是影响岩爆现象的一个重要参数。黄明利 (2001) 通过自主开发的基于岩石细观损伤模型的二维岩石破裂过程分析软件 RFPA2D，并辅以一定的相似材料试验，对岩石多裂纹的破坏机制进行了分析，探讨了岩石中预置裂纹的空间分布几何特征、力学参数、加载方式和非均匀因素等对其演化过程中的应力场分布、声发射分布、岩桥区的贯通模式及贯通准则的影响。John 等 (2009) 在实验室内计算了花岗岩应力-应变曲线，模拟开挖损伤带内裂隙的分布以及对放射性废弃物处置的影响。

7)属性分布

Adler 和 Thovert(1999)运用二维图像中的痕迹长度及数量估算三维裂隙网络中裂隙密度和概率密度等属性。方向性变量的早期研究集中在方向数据球状分布的特点(Bingham，1964)，探讨了概率论在裂隙产状数据研究方面的应用(Shanley and Mahtb，1976)，发现裂隙倾向和倾角服从正态分布(Gaziev and Tiden，1979)，或者正态分布和指数分布。Einstein 和 Beacher(1983)研究了节理面几何参数的分布形式，在 25 个取样点(每个取样点的节理数为 500~1000 个)的数据中对间距的分布形式进行了研究，发现92%服从负指数分布，并且证明取样测线的方向与参数分布的形式无关。通过对三条不同的隧道进行节理测量(800m，7500 条)并统计后，得出节理间距的分布形式，且实验值和理论值相符。Priest 和 Hudson(1981)对节理边长的分布进行了研究，得出节理迹长分布形式为负指数分布和对数正态分布。许多研究者(Bridges，1976；Cruden，1977；Rouleau and Gale，1985)也从不同地区、不同岩体进行节理成因、间距、迹长的分布研究，得出间距多数服从负指数分布，而迹长多数服从正态分布。

20 世纪 90 年代以来，逐步形成了一套系统描述裂隙面的几何统计方法，一般使用极射赤平投影方法计算裂隙方位的概率密度函数。一般认为裂隙面的方向性应该用 Fisher 分布(Mises 分布)进行描述；而 Miller 和 Borgman(1998)发现裂隙面的倾向和倾角一般服从指数分布或正态分布。

Terzaghi(1965)研究得出露头面和节理面的相对产状不同时，测得的节理概率密度不同，他建议在钻孔或露头面测量节理产状时，要进行不同产状的测量。对裂隙面产状的空间概率分布特征的研究，如著名的 Bingham 分布、Fisher 分布等。Terzaghi(1965)研究了裂隙产状测量偏差的校正，Kulatilake 和 Wu(1984)提出了铅直窗口产状偏差校正法及矢量校正法。

大多研究都基于裂隙分布均匀随机且各向同性，Berkowitz 和 Adler(1998)特别指出裂隙网络与观测截面交嵌的圆盘直径以及其他变量均服从 Monodisperse 分布、Power Law 分布、Lognormal Law 分布和 Exponential Law 分布等统计属性。另外，Yeomans 和 Rudnick(1992)认为裂隙的个别属性(如长度、位移、开口宽度等)以及整个裂隙网络分布也服从 Gamma Law 趋势，而 Dershowitz 和 Einstein(1988)裂隙方向(倾向和走向)可以用 Bivariate Normal 分布和 Fisher 分布对其角度频散(angular dispersion)进行描述。

在裂隙统计特征描述方面，许多研究者认为裂隙长度分布符合对数正态分布(Priest and Hudson，1981；Rouleau and Gale，1985)，也有研究者认为只有在岩层中，裂隙长度才符合对数正态分布(Odling et al.，1999)，实际上不仅裂隙长度，而且裂隙迹线长、断层距都符合该规律。许多研究者利用指数函数研究了大陆岩石裂隙大小的分布(Cruden，1977；Hudson and Priest，1979，1983；Priest and Hudson，1981；Nur，1982)，发现在洋中脊附近裂隙宽度服从指数分布规律(Carbotte and Mcdonald，1994；Cowie et al.，1993)；在断层或地震统计以及震害评估中，认为裂隙长度、位移及隙宽服从伽马分布

(Davy，1993；Main，1996；Kagan，1997；Sornette and Sornette，1999)，也有研究者认为造成这种现象的原因是岩石后期变形(Main and Burton，1984)；而在裂隙统计描述方面，相关文献研究最多的是幂律函数，现在普遍认为裂隙的诸多性质(长度、位移等)都服从幂律分布，反映出自然界中的裂隙具有尺度效应，即在同一尺度范围内，裂隙的性质相似(Dearcangelis and Herrmann，1989；Cox and Paterson，1990；Davy et al.，1995)。Kulatilake 等(1984)研究了节理网络模型。Dershowiez 和 Einsteein(1988)提出了不相关模型、圆盘模型、泊松平面模型和马赛克棋盘式模型四种。

8)属性关系

很多研究者(Watterson，1986；Walsh and Watterson，1988；Marrett and Allmendinger，1991；Gillespie et al.，1992；Cowie and Scholz，1992；Dawers et al.，1993；Scholz et al.，1993；Clark and Cox，1996；Schlische et al.，1996)对裂隙属性之间的关系进行过研究。

Liu 和 Bodvarsson(2001)论述了裂隙的宽度及其对应的迹线长度之间的关系。Kulatilake 和 Wu(1984)建立了迹长的概率密度和节理直径概率密度之间的相互关系，并给出了数值解的方法。同样，Warburton 在假定节理的形状和空间分布后，根据节理大小和迹长的空间概率关系，利用迹长的分布推求节理大小的分布，给出了节理迹长分布和裂隙直径分布关系的解析表达式。赵文等(1998)结合对结构面迹长和间距进行了理论探讨。Cowie 和 Scholz(1992)阐明了断层长度与平均剪切位移量为线性关系，也有学者认为平均剪切位移量与断层长度的平方成正比(Walsh and Watterson，1988)，还有学者认为平均剪切位移量与断层长度的二分之三次方成正比(Marrett and Almendiinger，1991)，但最近细致的研究认为两者的关系呈近似线性关系(Dawers et al.，1993；Villemin et al.，1995；Schlische et al.，1996)。一些研究人员在研究裂隙间距和层厚之间的关系时，发现它们呈近似线性关系(Wu and Pollard，1995)。

裂隙属性之间的关系受许多因素影响，如测量误差(Gillespie et al.，1992)、岩石类型和地质背景(Cowie and Scholz，1992)、岩层力学性质(Schultz and Fossen，2002)、运动方式(Burgmann et al.，1994；Gross et al.，1997)、断层联结方式(Peacock，1991；Peacock and Sanderson，1991；Burgmann et al.，1994；Cartwright et al.，1995；Wojtal，1996；Willemse et al.，1996；Willemse，1997)、演化史(Peacock and Sanderson，1991)、断层的多期活动(Kim et al.，2001)、随尺度变异的自然属性(Watterson，1986；Wojtal，1994，1996；Gross et al.，1997)。

2. 裂隙的研究

关于裂隙网络的研究相对较少，主要集中在裂隙网络特征(密度、连通性)、裂隙网络模拟等方面。

1)裂隙网络特征

裂隙网络(裂隙密度和方向)控制了岩体的水力传输和力学性质。Odling(1992)利用计盒数法研究了不同尺寸下岩石的一维、二维渗透性质，发现它们具有自相似性。Stauffer和Kauber(1995)指出裂隙的连通性受其密度、长度、方向控制，认为连通性来自描述裂隙空间分布性质的渗透理论，而且裂隙在空间的丛聚性是无限大的。Snow(1969)、Hestir和Long(1990)假设裂隙长度无限长来表达裂隙网络渗透性，定量给出了裂隙密度和渗透临界值之间的简单联系。Long和Witherspoon(1985)假定所有裂隙的长度和连通性一样，且方向一致的情况下，用泊松分布模拟了裂隙密度和长度，并建立起其与平均渗透率之间的关系，后来又推广至任意方向和长度的裂隙网络。刘建国等(2000)采用分维和密度参数刻画岩体裂隙网络特征，代表裂隙网络复杂程度、裂隙发育的密集程度和裂隙之间的连通程度，认为裂隙网络分维和块体密度分维效果较佳，且二者之间存在较好的相关关系。汪小刚等(1992)、汪小刚和贾志欣(1998)、李义连等(1997)利用网络模拟技术计算结构面连通率。

大量实验和现场研究表明，裂隙分布具有分形特征，随着分形理论在这方面的应用推广，国内外不少学者应用分形几何学这一新理论，通过计算结构面分布的分维数来反映结构面的分布密度对岩石结构面几何特征的影响。例如，马宇和赵阳升(1999)采用拓扑分析方法提出岩体裂隙网络三维分形仿真理论。

陈剑平等(1995)、卢波等(2005)用分形几何描述了复杂岩体裂隙网络的特性，编制了计算机裂隙网络分维数求解方法及程序，对节理岩体的尺寸效应进行了分析。荣冠等(2004)、刘建国等(2002)对岩体进行了裂隙调查及网络模拟研究，同时结合裂隙网络模拟技术，分析了计算结构面分布分维数的方法，讨论了计算裂隙分维数、采用分维和密度参数刻画岩体裂隙网络特征。

王恩志(1993)应用图论阐述裂隙网络的基本构成和特点，毛昶熙等(2006)将裂隙系统视为电阻网络或水管网，从而借助水管网原理来求解裂隙岩体渗流问题，Cacas等(1990)应用随机离散网络模型模拟裂隙岩体渗流场及溶质运移规律，得到了较满意的结果。

2)裂隙网络模拟

从岩体局部区域的节理几何参数统计并构造出节理网络图像，近年来有了很大的进展，引起众多学者的关注。例如，潘别桐教授的结构面网络Monte Carlo法，陶振宇和王宏(1990)的节理网络模拟，陈征宙和胡伏生(1998)通过Monte Carlo法产生仿真的节理网络，周维恒和杨若琼(1997)提出的自协调法生成三维网络，刘连峰和王泳嘉(1997)建立的三维节理岩体计算模型。陈剑平等(1995)论述了在计算机上实现结构面三维网络模拟的基本原理。陈征宙等(1998)对岩体节理网络模拟技术进行了研究。周皓等(2010)、段蔚平(1994)、张发明等(2002)应用概率论与统计学的方法分析裂隙的分布及组合特征，利用Monte Carlo法进行三维裂隙网络随机模拟，建立了三维裂隙网络的随机模拟模型。魏安(1995)、陈志杰等(2011)根据野外对岩体裂隙的实际测量，结合裂隙等密度图分析得出了结构面优势产状、用直接法产生特定概率分布的随机变量，利用计算机模拟出了与岩体中的裂隙分布一致的裂隙网络图。柴军瑞(2002)、向晓辉等(2006)将三维岩体裂隙网络渗流理论及有限元数值方法应用于主干岩体裂隙网络渗流分析中。荣冠等(2004)对岩体进行了裂隙调查及网络模拟研究。于青春等(1995)、何杨等(2007)介绍了非连续裂隙网络及其水流自动模拟系统。

Berkowitz 和 Scher(1997)、Cacas 等(1990)、Dershowitz 和 Fidelibus(1999)、Dreuzy 等(2004)则将裂隙网络几何形态铜管网结合起来。Helmig 等(2002)在建立矿床模型的基础上，综合离散法和连续法优点建立裂隙网络。Cvetkovic 等(2004)将单条隙宽视为常数建立裂隙网络模型，而 McDermott(2006)、Mourzenko 等(2004)则采用地质统计学、对数正态分布及分形分布进行研究。离散型模型通常用来处理复杂裂隙网络。

在关于裂隙空间分布(网络)的研究方面则有很大的局限性，多数方法都是用高斯分布、泊松分布、布尔运算等随机过程来生成其位置和方向，或者是在此基础上把观测到的裂隙作为随机模拟的边界条件(Chiles，1988；Huseby et al.，1997)。但裂隙的空间分布具有许多独特性质，如不均匀性、等级性、继承性、尺度不变性等(Barton and Zoback，1992；Marrett，1996)，因此出现了许多能体现这些特点的模拟方法，如用变异函数模拟裂隙的非均质产生过程(Long and Billaux，1987)，用亲子过程(parent-daughter procedure)模拟裂隙的主次关系(Billaux et al.，1989)，用 Levy Flight 过程构建裂隙的分形网络(Clemo and Smith，1997)，用随机迭代函数模拟裂隙的分等级特性(Acuna and Yortsos，1995)，用基于规则的统计方法模拟裂隙的分布模式(Riley，2004)，用综合条件全局优化法模拟裂隙属性的分布(Tran et al.，2006)，等等。

目前关于裂隙的模拟方法主要局限在一维和二维空间中，因为所能使用的数据多都是通过钻孔或岩墙等获取的一维或二维样品资料。而真正的三维方向性变量样品数据是很难观测的，这主要是由于自然界中的岩石对多数观测手段来说都是不透明的，只有少数的方法，如核磁共振波谱法(NMR)、X 射线扫描、γ 射线扫描、同步加速器(synchrotron)等方法才能观测。但是这些方法能观测的样品尺寸都是非常微小的(微米级)，远远不能满足实际应用中的最重要的中尺度(米级别、千米级别)研究。

因此需要研究方向性变量在不同维数、不同尺度之间的联系和转化，以能在中尺度上利用其他维数或尺度上较易获取的观测数据，获得更高精度的模拟效果。而关于方向性变量在不同维数和尺度之间联系的研究目前处于初期的探索阶段，还存在很大的缺陷，许多研究仅仅是提出了初步的构想和非常理想化的模型(Hatton et al.，1994；Walmann et al.，1996；Renshaw and Park，1997；Berkowitz and Adler，1998；郭彦双等，2008)。这主要是由于许多研究还停留在单个裂隙面的性质和机理探讨，且对裂隙网络的模拟仅限于针对其某个特征的近似，而对迫切需要的跨维、跨尺度研究则重视不够。

第二节　调 查 取 样

裂隙网络模拟的需要对自然界中实际存在的裂隙进行广泛的调查和取样。由于调查取样方法的局限，样本数据会存在系统偏差和取样误差，因此在使用时需要针对不同的偏差采用相应的方法进行校正。

一、取样方法

在实际中，裂隙数据的采集使用了多种不同的方法，包括直接方法如几何采集方法，间接方法如注射试验、电阻、声波测井、地震反射等。但由于自然界的岩石对几乎所有的观察手段都是不透明的，因此裂隙的调查主要是通过一维和二维间接的观察，只有少数技术可以对裂隙进行三维观察。

1. 一维取样

岩石裂隙的一维取样方法主要有地质采矿工程中的钻孔、坑道、测线等，基础设施建设中的隧道等。

矿山采矿坑道，尤其是那些围岩为坚硬岩石的采矿坑道，在掘进过程中往往可以提供一维裂隙的有用信息。而在描述地下深处岩层断裂时，钻孔测量往往是唯一的可行方法，如在石油和地热库研究中的应用。近年来随着信息技术的发展，钻孔电视(borehole TV，BTV)技术逐渐成为获取一维裂隙的重要手段(图 1-6)。

在地表开展测线调查时，也可以提供有用的一维裂隙信息。需要注意的是与测线调查类似的一维扫描线(scanline)测量，经常被应用于二维裂隙迹线图中裂隙的测量。在裂隙迹线图上画一条直线，记录所有横切该条直线的裂隙迹线及其横坐标交点，有可能的话还包括迹线的长度和方向(Priest and Hudson，1981)。利用一维扫描线测量方法可以对裂隙间隔等可能属于各向异性的裂隙变量进行定向测量。

通过一维取样观察(如岩心、钻孔)分析，可以获取裂隙密度或间距、方向、宽度、充填或蚀变状态等方面的信息。然而这些一维截面在裂隙延展或裂隙相互连通方面提供的信息却很少。同时这些信息是局部的测量结果，构成的统计样本质量不高。

2. 二维取样

裂隙出现在自然露头和人工开挖的各种剖面，如采石场、隧道或巷道壁(Rouleau and Gale，1985；Billaux et al.，1989)。这些观察面与裂隙的交切被称为迹线或弦，与裂隙网络的交切称为迹线图。例如，Barton 和 Larsen(1985)研究了一块 200m×300m 地面区域，记录了 0.20~0.5m 的所有迹长；Odling(1992)研究了一块 18m×18m 的地面区域。

二维观测可以提供更丰富的裂隙网络图像，其提供的信息与裂隙的延展和连通性有关，裂隙在平面内的方向(走向)也是显而易见的，虽然倾向(倾角)不可见。但隙宽、充填和蚀变等数据则由于风化或开采导致的变化往往是不可靠的(图 1-6)。

然而裂隙大小在野外是最难测量和表达的，其原因在于裂隙的大小不能像裂隙方位和间距那样直接量测，而只能通过量测裂隙面与岩石表面的交切迹线长度来推求裂隙的大小。即便有许多岩体露头，野外测量结果中所包含的困难和不确定因素也是相当多的。

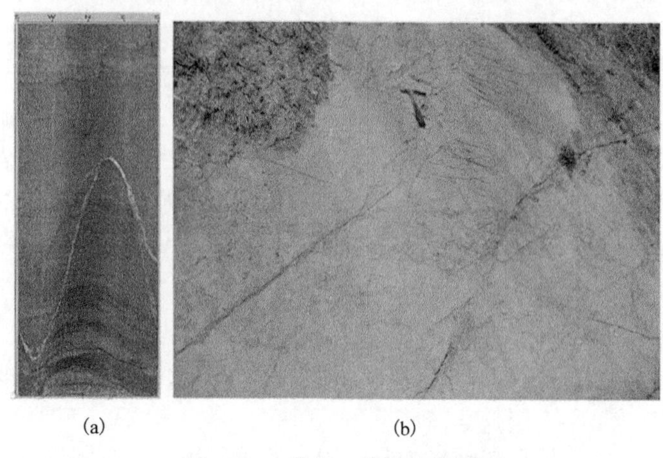

(a)　　(b)

图 1-6　一维和二维裂隙取样图

(a) 一维；(b) 二维

3. 三维取样

到目前为止，关于裂隙三维取样的方法非常有限，只有核磁共振(NMR)、X 射线扫描、同步加速器(synchrotron)等少数技术可以用于裂隙的三维观测(图 1-7)，如 Montemagno 和 Pyrak-Nolte(1995)、Pyrak-Nolte 等(1997)用 X 射线扫描(CT)绘制了 300μm 空间分辨率的分米级煤样本图像。

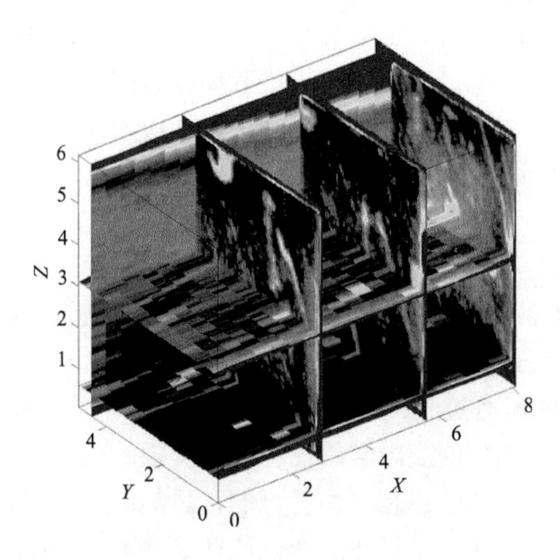

图 1-7　岩石三维 X 射线扫描

由于三维成像技术的最大成像尺寸太小，无法满足地质材料裂隙的测量。同样地，激光共聚焦显微镜则由于其穿透深度有限(约 100μm)，仅能用于非常浅表的测量。

另外关于岩石的三维裂隙取样，还可以通过连续切片获得(图 1-7)。Gertsch(1995)和 Gonzalez-Garcia 等(2000)根据连续切片的数据真正重构了三维裂隙网络。Dowd 等(2009)对 1.5m×1m×0.7m 的花岗岩块进行了切片，控制每层岩石厚度在 75mm 左右，分析研究了岩体内部三维裂隙网络。

二、取样偏差

由于受到取样区域大小、测量技术分辨率、取样位置选择、取样方向布置等因素的影响，裂隙的实际取样会产生多种偏差，导致裂隙样本总体频率的分布偏离理想的分布曲线(可以在无限大系统中观察到)。这些偏差归纳起来主要有取样偏差、方向偏差和长度偏差。

1. 取样偏差

一般来说，裂隙取样会产生取样偏差，即较大的裂隙或较长的迹线被观察到的概率较高，容易被过度观察。

2. 方向偏差

对于裂隙的取样，垂直露头表面和扫描线的裂隙被观察到的概率大，而与取样(露头、扫描线)方向平行的裂隙被观察到的概率很小，从而产生取样的方向偏差。方向偏差一般发生在一维取样时，如钻孔、测线等。

3. 长度偏差

裂隙长度的取样由于受到取样区域和分辨率的影响，一般会对小和大的裂隙取样产生偏差，被称为“截断效应”和“删节效应”。长度偏差一般发生在二维取样时，如露头、巷道壁等迹线图。

截断效应中，由于受取样方法分辨率的限制，小于某一长度裂隙的频率一般会被低估。截断效应可以容易地从密度分布 $n(l)$ 中识别，对于最小的裂隙来说，其斜率穿过零点并变为正值，而不是在累积分布 $C(l)$ 中简单地趋于零。大多数学者只是简单地移除了那些受到截断效应影响的分布，主观地认为小于某一固定阈值以下的裂隙迹线是不完全测量的(Rouleau and Gale，1985；Villaescusa and Brown，1992)。然而，目前还没有定量方法确定这一观测阈值。

分辨率被认为是裂隙在小尺度上偏离幂指数定律的主要原因，但也有学者提出了其他原因。Heffer 和 Bevan(1990)认为截断效应可以反映二维剪裁三维裂隙总体的效果，并推导出一个函数来描二维表面上观察到的长度大于给定值的断裂数。然而，这种函数是基于裂隙系统的所有属性均为独立的假设，至少在位置和长度上是独立的(Ackermann and Schlische，1997)。裂隙偏离幂指数定律的另外一个可能的原因是裂隙尺寸的幂指数定律存在物理上的低截断，Odling(1997)在砂岩节理中提出了幂指数定律分布的自然较低截止，长度约为 1m。然而，对观察到的自然发生的裂隙，一般很少有文献尝试评估幂律分布的上限和下限截止。

删节效应中，对交切取样区域范围的长裂隙，由于超出了观察范围，实际测得的只是部分迹线的长度，而不能完全进行观察；同时在选择裂隙取样区域时，往往会主观地倾向于排除非常大的裂隙。

Pickering 等(1997)认为裂隙取样的删节效应是由于断层位移。位移随断层长度变化，一般朝断层尖端减小。位移监测的限制导致了裂隙长度的低估，从而影响裂隙长度的分布。若样本区的位置是随机选择的，则其被给定长度裂隙交切的概率随裂隙长度提高。因此，大裂隙只有部分可能呈现在取样区，会被过度表达。

幂次律裂隙总体的累积频率分布受到额外影响，导致裂隙呈大尺度趋势的弯曲。通过整合最大和最小裂隙观察长度的密度分布，可以获得 $C(l)$ 的表达式：

$$C(l)=\frac{\alpha}{a-1}[l^{-a+1}-l_{\max}^{-a+1}] \tag{1-2}$$

这里的上限 $l_{\max}$ 起着重要的作用。当 l 接近 $l_{\max}$ 时，$C(l)$ 趋近于零，导致趋势变得陡峭。这是 $C(l)$ 的内在行为，且不同于上述的取样效应(Pickering et al.，1997)。

删节效应可以显著地限定累计频率分布估计幂律指数的范围。对于一个给定的指数 α，Crave 和 Davy(1997)定义一个临界长度 L_c，低于 L_c 时，$C(l)$ 与标准直线的偏差小于误差。例如，α=2.0，ε=10%，$L_c = l_{\max}/10$。因此，如果幂律指数定义为 1 个量级以上，只有长度大于 $l_{\max}/10$ 的裂隙且采集的数据在 2 个数量级上，才会产生无截断效应。

三、误差校正

对裂隙取样产生的偏差，一般可以用 Terzaghi 校正(Terzaghi，1965)进行方向校正，用圆形取样法和综合校正长度偏差。

1. 方向偏差校正

Terzaghi(1965)论证了在严格假设前提下对岩石裂隙取样的方向性偏差进行校正的方法。根据 Terzaghi 校正(Terzaghi，1965)的基本思想，可以对取样的方向偏差进行校正。

考虑一个面积为 A、隙宽为 0 的平面裂隙，与之平行的扫描线交切该裂隙面的概率为 0，而与之垂直的“法线”扫描线交切该裂隙的概率与 A 成比例。因此，与法线的夹角为 α 的扫描线交切裂隙的概率与 $A\cos\alpha$ 成比例，从而产生源于扫描线定位的取样的偏差，可以引入修正因子 F (Priest，1993)进行校正：

$$F=P(\text{与角度}\alpha\text{交切扫描线})/P(\text{与法线扫描线交切})=\cos\alpha$$

如果 N_α 裂隙被与法线扫描线夹角为 α 的扫描线交切，则同样长度的法线扫描线交切的裂隙数目的无偏估计(期望值)是 $E(N)=N_\alpha/F$。真实的裂隙频率为 $\lambda=N_\alpha/FL$，其中 L 是钻孔的长度。类似的三角校正可以用于平面露头上得到的裂隙数据。

将“Terzaghi 修正”应用于实际观察的裂隙数据，可以消除由于扫描线方向产生的取样偏差。但当 α 接近 π/2 时，$E(N)$ 会趋于无限。为了解决这个难题，Priest(1993)等提出了 Terzaghi 修正因子 F 的上限为 10，下限为 $F/10$。

1)钻孔内裂隙的取样方向偏差校正

如果钻孔直径比裂隙直径大，断层可能被完全包含在挖掘物料中，在此情况下裂隙在钻孔内部交叉，而不是在钻孔壁表面交切后出现迹线。

假设裂隙取样钻孔的半径和长度分别为c和L，设直角坐标系的z轴平行于钻孔轴线，考虑一个半径和长度分别为s和L的圆柱形岩体，该岩体与钻孔同轴且包含钻孔。令$s-c>a$，其中a为裂隙半径。

设一个裂隙的法线与钻孔轴之间的夹角为α，则该裂隙在XY平面上的投影为一个椭圆E，其长短半径分别为a和$b, b=a\cos\alpha$，其中心可以用p代表。设圆柱形岩体与XY的截面为S(半径s)，根据钻孔与裂隙几何无关的假设，则p在S中均匀分布。

对于任意给定的a和α，存在一个子集$S'\subset S$，当且仅当$p\in S'$时，裂隙与钻孔相交。如果E无旋转地绕直径C平移，则E是C的外切线，p描述了一个闭合曲线B，B是S'的边界。则B围成的区域的面积Q可以表示为$Q=A+cL+\pi c^2$，其中$A=\pi a^2\cos\alpha$是E的面积，L是E的周长。

半径为a的裂隙与半径为c的钻孔(与裂隙法线之间的角度为α)相交的概率由下式给出

$$P=\frac{\pi a^2\cos\alpha+cL+\pi c^2}{\pi s^2} \tag{1-3}$$

式中，s为样本空间的半径。

引入修正方向性取样偏差的修正因子

$$F=\frac{p(\text{与角度}\alpha\text{与钻孔交切})}{p(\text{与法线钻孔交切})} \tag{1-4}$$

对于半径为a的裂隙和半径为c的钻孔相交，消去标准化常数πs^2(样本空间的面积)：

$$F=\frac{\pi a^2\cos\alpha+cL+\pi c^2}{\pi(a+c)^2} \tag{1-5}$$

对于C=0，零半径钻孔或扫描线，F退化为$\cos\alpha$，即扫描线取样偏差的修正因子。如果$\alpha=0$，那么$L=2\pi a$，F退化为1。

一般地，长度L由椭圆积分给出，近似为

$$L\cong 2\pi\sqrt{\frac{a^2+b^2}{2}}=\sqrt{2}\pi a\sqrt{1+\cos^2\alpha} \tag{1-6}$$

进而修正因子可以表示为

$$F\cong\frac{a^2\cos\alpha+\sqrt{2}ac\sqrt{1+\cos^2\alpha}+c^2}{(a+c)^2} \tag{1-7}$$

2) 钻孔交切裂隙的取样方向偏差校正

岩心外面观测到的裂隙迹线是裂隙与钻孔面的交切。若钻孔的直径足够大，裂隙可以包含在钻孔内部，因而和钻孔没有交切。对与钻孔表面交切的裂隙，设其中心 p 被限制在一个包含 C 的区域。令 X 表示 $E \cap C \neq \varnothing$。假设裂隙中心点 p 在样本空间 S 中均匀分布，圆盘 C 的曲率是 $1/c$，$k_{\min}$ 和 $k_{\max}$ 分别表示 E 的最小和最大曲率，则有三种情况需要考虑。

$$k_{\min} = b / a^2 = \cos\alpha / a$$
$$k_{\max} = a / b^2 = 1 / (a\cos^2\alpha) \tag{1-8}$$

(1) $a \geqslant c$。

如果 $a \geqslant c$，则椭圆 E 太大而不能包含在圆盘 C 中，每个与钻孔交切的裂隙均与钻孔表面交切，反之亦然。有 $P(X) = \dfrac{\pi a^2\cos\alpha + cL + \pi c^2}{\pi s^2}$，修正因子为 $F = \dfrac{\pi a^2\cos\alpha + cL + \pi c^2}{\pi(a+c)^2}$，近似为 $F \cong \dfrac{a^2\cos\alpha + \sqrt{2}ac\sqrt{1+\cos^2\alpha} + c^2}{(a+c)^2}$

(2) $a < c\cos\alpha$，意味着 $a < c$ 且 $a^2 < bc$。

$a < c$ 意味着 E 可以包含在 C 中，裂隙与钻心交切而与钻孔表面不交切，满足 X 的点 p 的轨迹为包含 C 的环形区域。$a^2 < bc$ 意味着圆盘曲率小于椭圆的最小曲率，满足 X 点 p 的环形区域的面积为 $(\pi a^2\cos\alpha + cL + \pi c^2) - \pi a^2\cos\alpha - cL + \pi c^2 = 2Cl$，其中 L 为椭圆 E 的周长。有 $P(X) = \dfrac{2cL}{\pi s^2}$，修正因子为 $F = \dfrac{2cL}{4\pi ac} = \dfrac{L}{2\pi a}$，近似为 $F = \sqrt{\dfrac{1+\cos^2\alpha}{2}}$。

(3) $c\cos\alpha < a < c$，意味着 $a^2 > bc$。

介于上述两种情况之间，有 $P(X) = \dfrac{\pi a^2\cos\alpha + cL + \pi c^2 - J_1 - J_2 + J_3 + J_4}{\pi s^2}$，修正因子为 $F = \dfrac{\pi a^2\cos\alpha + cL + \pi c^2 - J_1 - J_2 + J_3 + J_4}{4\pi ac}$。

其中，$b = a\cos\alpha \neq 0$；

$$J_1 = c^2\cos^{-1}\left[\frac{2a^4 - c^2(a^2+b^2)}{c^2(a^2-b^2)}\right];$$

$$J_2 = 2abx, \qquad x = \frac{1}{2}\cos^{-1}\left[\frac{a^4 + a^2b^2 - 2b^2c^2}{a^2(a^2-b^2)}\right];$$

$$J_3 = 2c\int_0^x \sqrt{a^2\sin^2\theta + b^2\cos^2\theta}\,\mathrm{d}\theta;$$

$$J_4 = 2a^2b^2c\int_0^x \frac{\mathrm{d}\theta}{(a^2\sin^2\theta + b^2\cos^2\theta)^{3/2}};$$

如果 b=0，椭圆退化为长度为 $2a$ 的线段，修正因子进而退化为

$$F=\frac{4ac+\pi c^2-2c^2\cos^{-1}(a/c)+2a\sqrt{c^2-a^2}}{4\pi ac}。$$

2. 长度偏差校正

有多种方法可以用来校正裂隙抽样总体的均值或推导潜在分布的参数，但多假设裂隙的母体分布为对数正态分布或指数分布(Cruden，1977；Priest and Hudson，1981；Einstein and Baecher，1983；Kulatilake and Wu，1984)。

直线测线法估计平均迹长需要考虑迹长的概率分布特征，但在实际分析中迹长的概率分布特征是很难确定的。Kulatilake 和 Wu(1984)提出的矩形取样窗口平均迹长估值法，不需要考虑迹长的概率分布，不必知道迹线的长度，只需知道贯穿型迹线条数、相交型迹线条数、包容型迹线条数和节理产状的概率分布即可求得平均迹长，计算过程中需要进行积分运算。Zhang 和 Einstein(1998)研究了圆形取样窗口平均迹长估计法，由于圆形取样窗口绕任意直径的对称性，用圆形窗口法进行平均迹长估计时不必考虑节理的产状分布，不需要进行积分运算，可以减少方向偏差(Baecher and Lanney，1977)。

圆形取样法假设所有节理都是平面的，与取样窗口相交时产生的迹线是直线；裂隙迹线中点在二维空间中均匀分布；裂隙迹线长度和产状相互独立(王贵宾等，2006)(图1-8)。

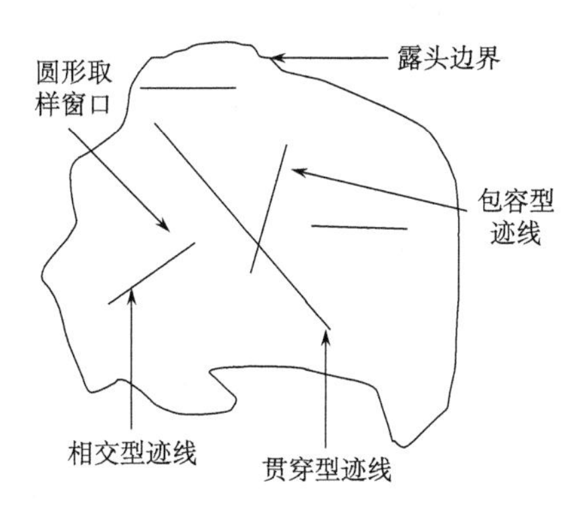

图 1-8　裂隙迹线圆形取样示意图

考虑裂隙迹线与半径为c的圆形取样窗口的交切情形，设贯穿型迹线期望条数为N_0、相交型迹线期望条数为N_1、包容型迹线期望条数为N_2，节理迹线总数为$N=N_0+N_1+N_2$。设节理产状的概率密度函数为$f(\theta,\varphi)$，其中$\theta_1\leqslant\theta\leqslant\theta_2$、$\varphi_1\leqslant\varphi\leqslant\varphi_2$。

与圆形窗口交切的裂隙迹线(裂隙迹线与圆形取样窗口接触)，其总数为

$$N=\lambda(2cv+\pi c^2) \tag{1-9}$$

式中，v和λ分别为节理平均迹长和迹线中点面密度。

贯穿圆形窗口的裂隙迹线(包括$L\geqslant 2c$和$l<2c$ l<$2c$两种情形)，其总数为

$$N_0=\int_0^{\infty}\int_{\rho_1}^{\rho_2}\int_{\theta_1}^{\theta_2}\lambda(2cl-\pi c^2)f(l)f(\theta,\varphi)\mathrm{d}\theta\,\mathrm{d}\varphi\,\mathrm{d}l \tag{1-10}$$

$$+\int_0^{\infty}\int_{\rho_1}^{\rho_2}\int_{\theta_1}^{\theta_2}\lambda\left[\left(-l\sqrt{c^2-\frac{l^2}{4}}+c^2\arcsin\frac{\sqrt{c^2-l^2/4}}{c}\right)\right]f(l)f(\theta,\varphi)\,\mathrm{d}\theta\,\mathrm{d}\varphi\,\mathrm{d}l$$

与圆形窗口包容的裂隙迹线(裂隙迹长必须小于窗口直径，即 l<2c)，其总数为

$$N_2=\int_0^{\infty}\int_{\rho_1}^{\rho_2}\int_{\theta_1}^{\theta_2}\lambda\left[\left(-l\sqrt{c^2-\frac{l^2}{4}}+c^2\arcsin\frac{\sqrt{c^2-l^2/4}}{c}\right)\right]f(l)f(\theta,\varphi)\,\mathrm{d}\theta\,\mathrm{d}\varphi\,\mathrm{d}l \qquad (1\text{-}11)$$

根据圆形取样窗口交切的裂隙迹线数目之间的关系，从而求出裂隙平均迹长 v 和迹线中点密度 λ。

$$N_0-N_2=\int_0^{\infty}\int_{\rho_1}^{\rho_2}\int_{\theta_1}^{\theta_2}\lambda(2cl-\pi c^2)f(l)f(\theta,\varphi)\,\mathrm{d}\theta\,\mathrm{d}\varphi\,\mathrm{d}l=\lambda(2cv-\pi c^2) \qquad (1\text{-}12)$$

利用前面的公式(1-9)和(1-12)消去 λ，可得

$$v=\frac{\pi(N+N_0-N_2)}{2(N-N_0+N_2)}c \qquad (1\text{-}13)$$

窗口法平均迹长估计时，总是假定迹线中点在二维空间中均匀分布，而实际上迹线中点密度 λ 在空间中是变化的，窗口半径 c 和位置的改变都会导致 λ 发生改变。根据前面的公式(1-9)和(1-12)消去 v，可得

$$\lambda=\frac{N-N_0+N_2}{2\pi c^2} \qquad (1\text{-}14)$$

而 $N-N_0+N_2=(N-N_0-N_2+2N_2=N_1+2N_2)$，因此可以得到

$$\lambda=\frac{N_1+2N_2}{2\pi c^2} \qquad (1\text{-}15)$$

由图 1-9 可以看出，裂隙迹线中点密度与贯穿型裂隙迹线数量 N_0 不相关。在实际调查时，可以采用同心圆和相切圆两种方法，相切圆法能够得出比较稳定和具有一致性的规律。

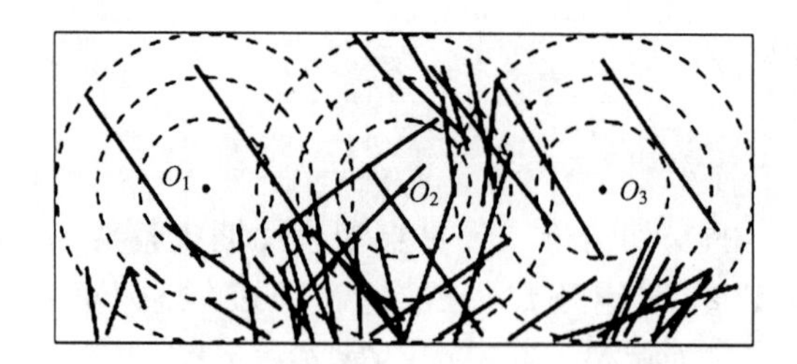

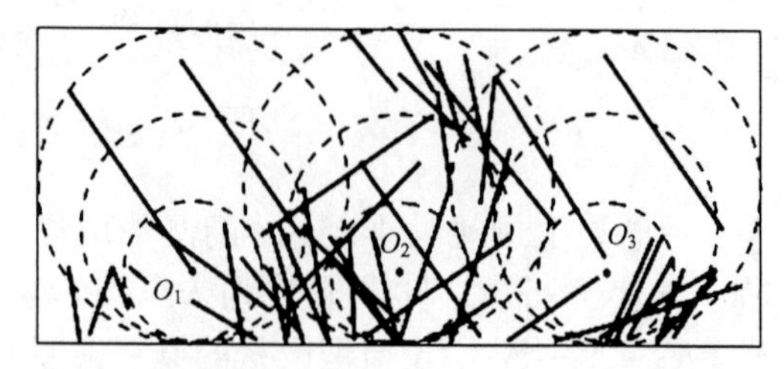

图 1-9　裂隙迹线圆形取样侧线设置示意图

3. 间隔(密度)偏差校正

利用裂隙迹线图，可以计算二维的裂隙间隔/频率(Ryan，2000)，并保留裂隙间隔的平均分布及其随方向的变化，对任意领域内(而不是平均)的裂隙间隔进行评估并强调其裂隙丛聚的表现。该方法由沿二维表面不同方向独立计算得到的裂隙间距的平均累计数

直方图组成，所有方向的计算结果同时进行绘制。

该方法需要按$[x,y,f(x,y)]$格式输入二进制数据集，其中$f(x,y)$是一个表示裂隙存在与否的二元函数。对数字化数据集合沿方向为θ的扫描线以间隔s取样，其中s的最大值是$(\mathrm{d}x,\mathrm{d}y)$，$\mathrm{d}x$、$\mathrm{d}y$分别为$x$和$y$方向的采样间隔（图1-10）。

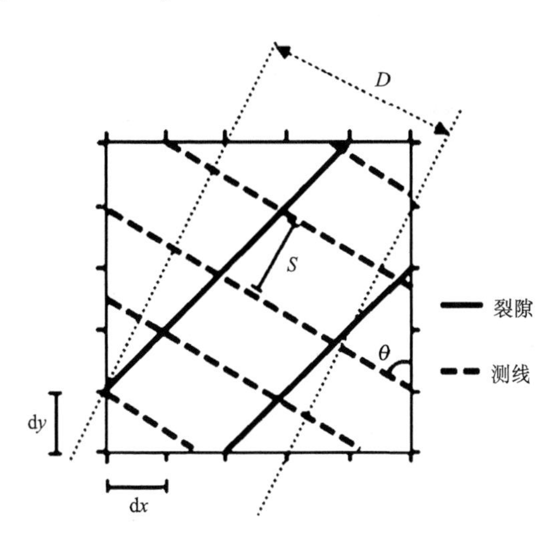

图1-10　裂隙迹线扫描线的设置示意图

根据采样定理，s必须不大于所研究数据最小间隔的一半(Sheriff and Geldart，1995)。由于相邻格点之间的距离随扫描线的方向不同而变化，使用的采样间隔常数s应确保各扫描线方位测量的裂隙间隔没有偏差，同时使在所有方位扫描线上得到的结果具有可比性。若取样点和网格点不一致，则采用离网格点最近的值；若取样点正好在两个格点之间，按惯例格点的值在较大的坐标上向上调整0.5。相邻扫描线之间以垂直距离s分割。

不同方向的扫描线横切过数据集的长度不同，较短的扫描线会引入倾向于较短裂隙间隔的偏差。为了确保所有扫描方向的取样结果具有可比性，需要根据数据集的大小定义一个最大间隔L，将短于D的扫描线均予删除，剩余的扫描线删截为L。L越小，测量裂隙间隔的范围越短，但切过数据集的扫描线越多。

由于需要在不同方向的扫描线上取样，同时为了保证取样的有效性，需要根据数据集确定扫描线的方向间隔$\mathrm{d}\theta$，可按下式计算：

$$\mathrm{d}\theta=\arctan\frac{\mathrm{d}x}{(ny-1)\mathrm{d}y} \tag{1-16}$$

式中，ny=101，$\mathrm{d}\theta$=0.57°。实践中以$\mathrm{d}\theta$=5°间隔进行取样是完全足够的。

第三节　形 成 机 理

地球由地壳、地幔和地核三部分组成。地壳是地球的最外层岩石圈的一部分，厚度为30~40km，主要由固体岩石组成，裂隙则主要发育于这一层次。裂隙的形成受岩石性质、地应力的共同影响。

一、岩石的力学性能

结合地震纵波在地壳内的传播速度可以推断，地壳上层应由花岗岩及其成分相当的沉积岩与变质岩组成。地壳下层由辉长岩或玄武岩组成。

决定岩块受外力作用而发生变形和断层过程中的性能的物理性质，称为岩石的力学性质，主要包括岩石的强度特性和岩石的变性特性(陈颙等，2009)。

1. 岩石强度

岩石强度是指岩石在各种载荷作用下达到破坏时所能承受的极限应力，即岩石材料在受外载荷作用时抵抗破坏的能力。岩石的强度主要包括岩石的单轴抗压强度、单轴抗拉强度、抗剪强度、多轴压缩强度等。岩石的破坏形式包括脆性和塑性破坏两种，脆性破坏可分为拉伸破坏和剪切破坏两种。

从岩石的破坏模式来看，可分为五种破坏形式，分别为单轴压缩纵向劈裂破裂、剪切破坏、多重剪切破坏、拉伸破裂、由线载荷产生的拉伸破坏。

2. 岩石的变形特性

岩石的变形可分为弹性变形、塑性变形和黏性变形三种形式。

弹性变形即物体在受到外力作用的瞬间即产生全部变形，而撤除外力后又能立即恢复其原有形状和尺寸的性质。弹性变形又可分为线弹性变形和非线弹性变形。

塑性变形即物体受到外力后产生形变，在外力去除后变形不能完全恢复的性质，不能恢复的部分变形称为塑性变形。在外力作用下只发生塑性变形的物体称为理想塑性体。当应力低于屈服极限时，材料没有变形，当应力达到一定值后，应变不断增加而应力不变。

黏性变形即物体受力后变形不能在瞬时完成，且应变速率随应力增加而增加的性质。其应力-应变速率关系为过原点的直线的物质称为理想黏性体(牛顿流体)。

岩石的体积应变基本变化规律：当作用的外荷载较小时，体积应变表现出线性变化，且岩石的体积随荷载的增大而减小。当外荷载达到一定值之后，体积应变经过了保持不变的阶段，开始发生体积膨胀的现象。剪胀或扩容：当岩石受外力作用后，发生非线性的体积膨胀，且这一体积膨胀是不可逆的。产生剪胀的原因：裂隙产生、扩展、贯穿、滑移、错动、甚至张开所致。 剪胀规律在三轴压缩和单向压缩试验中都会出现，由于围压的增大，会出现剪胀随之减弱的现象。

岩石的力学性质是由两个方面的因素确定的：岩石本身的性质和结构情况。由实验可知，岩石在破裂前弹性变形阶段的力学参量主要有弹性模量 E、泊松比ν；破裂状态的力学参量有抗压强度σ_c和内摩擦角φ。

通过大量的地质和地震研究证明，岩石圈中岩石的性质与深度及环境有着密切的联系。沉积岩、大理岩、石英岩及花岗岩的变形行为可以代表上地壳在其所处环境的力学响应。而花岗闪长岩、长石质岩和闪长岩可代表中地壳的力学行为。辉石-角闪石-斜长石粒变岩相类岩石则可以代表下地壳的力学行为。

3. 岩石力学性质的影响因素

首先是水通过连接、润滑等作用影响岩石力学性质，其次由于外界温度的升高，岩石内部产生微观裂隙，弱化了岩石内部结构，从而使岩石抵抗外荷载的能力降低。另外，岩石的加载速率、围压、风化作用都会影响岩石力学性质(表 1-1)。

表 1-1　岩石力学参数表

岩类	弹性模量 $E/10^9$Pa	泊松比 ν	抗压强度 $\sigma_c/10^6$Pa	内摩擦角 ϕ /(°)
石灰岩	12~206	0.01~0.48	10~970	32~65
石英岩	10~119	0.08~0.8	35~110	43~63
白云岩	4~1090	0.14~0.81	32~590	25~41
花岗岩	10~105	0.07~0.82	60~1200	45~63
大理岩	27~103	0.10~0.50	114~313	21~30
片麻岩	6~103	0.05~0.90	24~839	25~71
砂岩	4~100	0.03~11.5	4~365	35~39
辉岩	15~181	0.16~0.31	58~182	18~35
玄武岩	31~106	0.09~0.95	19~355	18~30
角闪岩	20~97	0.14~0.20	40~300	35~39
夕卡岩	34~92	0.10~0.21	55~240	26~40
闪长岩	21~106	0.05~0.32	64~480	25~30

注：据《岩土力学参数手册》(水利水电科学研究院编，1991)等资料综合。

二、裂隙形成的过程

裂隙的产生和扩展与岩石本身的强度特性及应力场在各种尺度下的不均匀性紧密相关。岩石微观、亚微观的断裂机理不但与所处的应力状态有关，还与温度、化学作用、应力梯度、应变率及含水量、岩样的矿物组成及颗粒尺寸、岩样的几何形态等诸多因素有关。

应力场的不均匀性是裂隙产生和扩展的根本原因，而在相同水平的区域应力条件下，岩性不同的岩体的裂隙系统有显著的差异。简单地说，当应力达到岩石的强度，岩石中开始出现微裂隙或已有的微裂隙开始扩展。

Braee 和 Bombolakis(1963)、Hoek(1990)提出，在压应力作用下，宏观断裂破坏不能由一预先存在的微裂隙扩展而形成，而是微裂隙、颗粒边界及孔洞聚集的结果。在岩样断裂破坏之前发育有两组共轭的剪断性微裂隙数目随变形的发展增多，已经生成的这些微裂隙在长度上都是有限的，呈雁行排列，而且当变形进一步发展时，相邻的微裂隙相互联络，形成与主应力呈较大角度的剪切带。在岩石矿物的晶体颗粒内产生的微裂隙及其扩展方向主要是由晶体结构确定，当外力达到破坏强度的70%~80%时，微裂隙开始逐渐向试件对角线中心部位聚集，产生一系列相互平行的穿过晶体颗粒的微断层。Griffith 详细描述了脆性材料(抗压强度远远大于抗拉强度)的破坏，认为其理论原因在于内部存在许多微小裂隙造成的，并假设这些微小裂隙的形状是椭圆形的空隙，称为 Griffith 裂纹，在外力作用下则在裂隙周边引起应力集中，且为集中于椭圆裂纹的端部拉应力。当裂隙端部的拉应力一旦超过固体分子间的结合力时，断裂开始，从而这种裂隙就逐步形成各种形状。

完整岩石的抗压强度很高，但天然岩体中存在许多微裂隙。由于微裂隙的应力集中，在其尖端很容易出现拉应力。天然岩体中的微裂隙大多数是细长的且随机分布的，其尖端的应力集中程度很高，引起微裂隙的不稳定扩张，最终引起岩石破坏。因此，岩体中的微裂隙在应力水平低于岩石屈服极限的条件下扩展增生，最后连接贯穿形成节理甚至断层。

岩石力学实验已证明，岩石在破裂前主要经历三个阶段(陈颙等，2009)(图 1-11)：

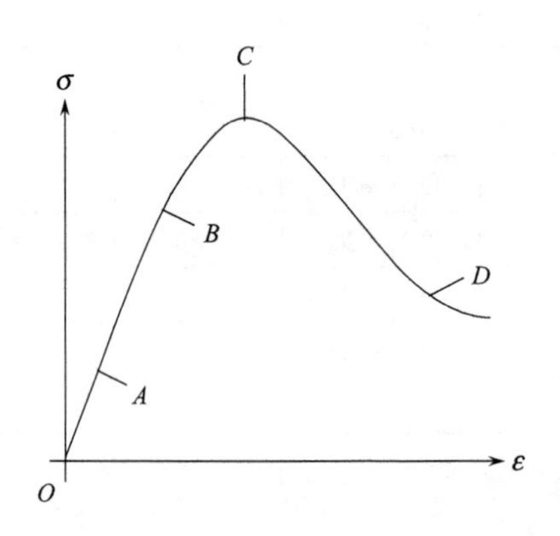

图 1-11　岩石的应力-应变曲线

第一阶段(OA 曲线)。载荷由零增加到 A 点，由于岩石是一种以上矿物在天然条件下沉积或凝结的多晶体，因而其中或多或少地存在一定微裂隙。当载荷增加时，试件被压密，使曲线微微向上弯曲，对致密岩石来说，这种现象不太明显，可忽略，视为弹性应变。

第二阶段(AB 曲线)。岩石产生弹性变形。若卸去载荷，变形可以完全恢复，没有永久变形。其应力-应变曲线呈近似直线，其斜率称为弹性模量 E。曲线上 B 点产生弹性变形的应力极值，称为弹性极限，岩石力学中叫屈服极限。在这一阶段，岩石将产生横向和纵向的变形，两个方向的变形关系与岩石的泊松比有密切的联系。

第三阶段(BC 曲线)。当载荷继续增加超过 B 点后，曲线呈向下弯曲形状。岩石产生的应变包括弹性应变和塑性应变。当卸去载荷后，岩石产生弹性变形的部分恢复，而塑性应变则保留下来。载荷继续增加，超过 C 点以后，岩石产生破裂。由于岩石内部尚有部分连接，仍能承受一部分载荷，裂隙产生扩展、传播，岩石承受载荷的能力越来越小，故表现为曲线 CD 段。C 点的应力值称为抗压强度 σ_c。岩石破裂时的破裂方向与它的内摩擦角 φ 有密切的关系。

三、裂隙形成的特点

在对自然岩石的裂隙形成进行观察和实验时，由于观察范围的局限性和实验条件的限制，裂隙形成的测量和研究表现出一些显著的特点。

1. 丛聚效应

丛聚效应即裂隙形成所表现出来的非均匀分布现象，在某一方向、某一区域内裂隙显著出现。由于裂隙的形成一般受到区域某一主要方向(地)应力的作用，从而反映该方向应力的裂隙会显著出现，而反映其他(地)应力方向的裂隙则不太显著。在(地)应力释放过程中，往往会形成大型的长裂隙，在这些大裂隙的周围往往会协调地出现丛聚分布的小裂隙。同时岩石裂隙的形成还受到岩石性质、岩石结构等因素的影响，即使均匀的(地)应力也不会产生均匀的裂隙分布，在岩石脆弱区域往往会出现显著的裂隙分布。另外，由于自然界裂隙的形成往往是多期次的，后期形成的裂隙一般会改造前期形成的裂隙，不同期次形成的裂隙往往表现出明显的继承性。

2. 维数效应

在实践中，为了避开数学处理上的复杂性，简化问题，裂隙形成问题往往被简化为二维问题(平面问题)。实际上除了少数裂隙形成问题可以简化为平面应力或平面应变问题来进行处理外，二维模型一般都十分有限。在裂隙形成的研究中，一般来说，只有当 $L,H >> D$ (L 为长度，H 为高度，D 为厚度)时，才能用二维模型来研究裂隙的形成。虽然在二维岩体破坏的研究中取得了很大进步，但在目前的理论发展水平上用解析方法还很难求解岩石内部微裂隙之间的相互作用问题。因此二维模型只能看做是三维模型的“投影”。而一般的裂隙形成过程都属于三维问题，这是因为实际的岩石(体)一般都处于三维应力作用下，岩体中因原生裂隙引起的应力集中导致的微裂纹萌生、扩展、相互作用和贯通过程大多是空间分布的，属于三维扩展问题；同时岩石破裂产生的声发射信息是三维分布的；而微观分析中所获得的 CT 扫描图像也是三维结果的片段。

3. 尺度效应

岩石缺陷导致的破裂是一个演化问题，仅仅基于宏观现象的方法不能深入认识其破裂机制。同时，许多复杂现象的微观机制要相对简单得多，而它们组合在一起的相互作用却能表现出复杂的行为，因此确定一个合理的研究尺度能够简化宏观现象的复杂问题，有助丁问题的解决。

在许多观测岩石力学行为的实验中，岩石被当做一个均质体，即假设材料是连续的、均匀的，也就是在其中每一点的属性均是相同的，岩石结构特征可以被忽略或者被平均。但是，事实表明在不同的观测水平中岩石具有不同的结构特征，观察的视野也是不同的。在涉及各种尺度之间关系的演化问题，仅仅局限于一个尺度内是不能解决的。依据一个较低层次水平的结构特征解释较高层次水平行为的方法成为演化问题研究的有效途径。

从研究分子、原子的微观力学到研究宏观行为的宏观力学之间存在着诸多的过渡性研究尺度，它们有着相应的研究问题和研究方法。对于每一尺度的构成体而言，它们都被看成是均匀、连续的介质。

第四节　属 性 特 征

对单个裂隙来说，其属性应该主要包括位置、形状、大小、方向、隙宽、延伸、充填、性质等。裂隙网络的属性主要包括破裂程度和空间结构，如丛聚、相似方向裂隙集的存在，或这种裂隙集的分层结构。

一、裂隙属性表达

1. 位置

裂隙的形成是一个典型的三维空间中随时间的演化过程，因此一般认为裂隙的生成服从一个三维泊松点过程，导致裂隙中心点在研究域中的位置相互独立，且具有均匀概率，裂隙中心点的距离服从指数分布。泊松过程仅由一个密度参数控制，此参数指定了目标在空间的平均密度，即目标在单位体积上的平均数。该密度参数可以根据工程中常用的三维或二维裂隙密度得到。

现实世界中常见放射性原子核的衰变、自然灾害发生的次数等，以固定的平均瞬时速率 λ（或称密度）随机且独立地出现时，那么这个事件在单位时间（面积或体积）内出现的次数或个数就近似地服从泊松分布。因此泊松分布在自然科学的某些问题中都占有重要的地位。设随机变量所有可能的取值为 $0,1,2,\cdots$ ，而取各个值的概率为

$$P\{X=k\}=\frac{\lambda^k \mathrm{e}^{-\lambda}}{k!},\quad k=0,1,2,\cdots \tag{1-17}$$

式中，$\lambda>0$ ，为常数。

则称 X 为服从参数为 λ 的泊松分布。泊松分布具有明显的特点：当时间间隔取得极短时，只能有 0 个或 1 个失效发生；出现一次失效的概率大小与时间间隔大小成正比，而与从哪个时刻开始算起无关；各段时间出现失效与否，是相互独立的。

2. 大小/尺寸

裂隙大小是一个非常重要的属性，但是裂隙大小在野外是最难测量和表达的，只能通过裂隙的迹线长度来推求。

裂隙直径分布可以从裂隙产状和裂隙迹长数据中获取。裂隙的迹长在空间上反映了裂隙的大小，表征裂隙面的展布范围和延伸长度。迹长分布与直径分布之间的关系依赖

于裂隙的形状。前人的很多研究表明，迹长的分布与直径分布之间的差异比较小，可以假定裂隙直径与迹长具有相同的分布，在实际中将裂隙直径的分布取为与迹长一样。迹长和直径的关系采用 Robertson (1970) 所给出的表达式 $A=\frac{16}{\pi^2}A'$，其中 A' 为根据迹长计算的裂隙面积，A 为裂隙的平均面积。

裂隙的大小与迹线长度紧密相关。假设裂隙是互相平行、厚度可以忽略的圆盘；裂隙圆盘中心的体积密度服从泊松分布；裂隙圆盘直径的分布与裂隙的产状分布相互独立。裂隙大小与迹长的关系即可由空间概率得出，这样就可以利用裂隙迹长的分布推求裂隙大小的分布。

$$f(l)=\frac{1}{\mu_D}\int\frac{g(D)d(D)}{\sqrt{D^2-l^2}} \tag{1-18}$$

式中，D 为裂隙圆盘的直径；l 为裂隙迹线的长度；$g(D)$ 为裂隙圆盘直径的概率密度函数；$f(l)$ 为裂隙迹长的概率密度函数；μ_D 为裂隙圆盘的平均直径 $d(D)$ 为裂隙圆盘中心的体积密度。

进而可以得到裂隙迹线的平均长度

$$\mu_l=\int_0^\infty lf(l)\mathrm{d}l=\frac{1}{\mu_D}\int_0^\infty l\mathrm{d}l\int^\infty\frac{g(D)l\mathrm{d}(D)}{\sqrt{D^2-l^2}} \tag{1-19}$$

通过变换积分顺序并对 1 进行积分，当 $g(D)$ 服从参数为 μ_D 的负指数分布时，可以得到

$$\mu_l=\frac{\pi}{2}\mu_D \tag{1-20}$$

根据实际观察数据，裂隙长度的分布具有零散和无限的特点(Davy，1993；Odling，1997；Bonnet et al.，2001)。在实际中，一般假定裂隙迹长服从一些经典的分布，如对数正态分布或指数分布。Robertson (1970) 证明如果裂隙为圆形，则裂隙的迹长可以很好地用指数分布拟合。

许多研究认为迹线长度分布服从幂律分布，还有一些研究认为迹线长度服从对数正态分布和指数律。Odling 等 (1999) 发现，分层在限制节理生长中起着重要的作用，对数正态分布反映节理的真实长度总体，而对大尺度的岩石，幂律分布更合适。

对裂隙的平均迹长可以用截长法进行估计。半迹长小于截长值 C 的节理与测线相交的数值比例可以确定，对于大样本可由 r/n 来估计，则推导出采用删节半迹长估计平均迹长的公式。

$f(l)$ 为负指数分布时

$$\mu=\frac{-\ln[(n-r)/n]}{C} \tag{1-21}$$

$f(l)$ 为均匀分布时

$$\mu=\frac{1-\sqrt{(n-r)/n}}{C/2} \tag{1-22}$$

式中，n 为测得的裂隙总数；r 为半迹长裂隙的数量。

根据物理实验，Sornette 等(1993)发现裂隙长度分布的指数似乎依赖于裂隙网络的成熟度，即加载应变。对长度范围为 10~100mm 的裂隙，其指数变化为 1.7~2.6，但在高应变下接近 2.0。在类似的实验中，Davy 等(1995)和 Bonnet(1997)表明，长度分布的性质取决于变形状态。变形为均匀分布时，长度分布为指数型；而当变形为高度局部化时，长度分布为指数接近 2 的幂律。对于两种情况之间的情况，长度分布为伽马分布，其指数也接近 2。在 Walmann 等(1996)的实验中，薄层黏土被拉长产生张性裂隙，发现其长度在进行取样校正后服从指数律，因此提出幂律源于几个指数律的相互作用。基于 5 个黏土产生裂隙系统的实验，Reches(1986)观察到，随着变形的增加存在从幂律分布到对数正态分布的转变。

在岩石样品的试验中，Krantz(1983)、Lockner 等(1992)、Moore 和 Lockner(1995)分析了微裂纹的长度分布，发现微裂纹的密度最大接近主裂隙，而且小微裂纹倾向于围绕较长微裂纹聚集(Lockner et al.，1992)。在自然断层系统中也有类似的观察(Anders and Wiltschko，1994)。在拉伸双扭裂隙的实验室实验中，Hatton 等(1993)发现裂纹长度的幂指数分布中的指数取决于岩石的流体含量，干湿试验的指数分别为 2~2.5 和 2~2.7，越高的指数对应于越分散的损害。

根据数值模拟，Cowie 等(1993)发现长度分布在变形开始增加阶段服从指数律，当裂隙开始相互作用时，向幂律演化。指数值取决于变形程度，并随压力的增加趋于下降(Cowie et al.，1993，1995；Cladouhos and Marrett，1996)。这表明，随着时间的推移，该系统包含逐步减少的小断层，意味着裂隙生长和连接过程比成核作用占优势。Cowie 等(1995)发现，在最后破裂阶段，长度指数 a 位于区间 2.0~2.4。Poliakov 等(1994)基于塑料剪切带增长的模型发现了类似的指数 a=2.1。然而 Cladouhos 和 Marrett(1996)曾认为，这是系统的尺度限制了指数，对非常大的系统来说指数应该是不断演化的。

3. 方向

裂隙方向反映了裂隙的空间形态，是裂隙网络模拟的重要参数。一般可以用裂隙法线和地质方位(倾向和倾角)来表示。

在实际情况中，裂隙的产状是多变的，但也是有统计规律的。因为裂隙产状可能在一个或多个统计上占优的方向周围成组，所以需要对裂隙的产状进行分组，然后对每一组进行统计分析以便确定能与观测数据相拟合的分布。裂隙分组用玫瑰花图或施密特极点投影图法进行，通过玫瑰花图或施密特极点投影图找出各组裂隙产状的优势方位以及单个裂隙分组的归属。实际中，同一组裂隙的产状并非严格的一致，这是因为受岩体介质的微小不均一性以及构造应力作用方式和边界条件的影响。因此，裂隙产状测量统计的目的就是得到岩体中各组裂隙面围绕优势产状的变化规律，这种变化规律可以用各产状要素概率密度分布形式来表示，常用的概率分布有 Arnold 的半球正态分布和 Bingham 分布、Fisher 分布、双变量正态分布、均匀分布等。其中双变量正态分布在假定走向和倾角不相关时就相当于平面的普通正态分布。

常用的裂隙数据统计分组方法有玫瑰花图法和等面积赤平投影法。

玫瑰花图法是在走向、倾向玫瑰花图中，以倾向方位角 10°为间距，分别计算各区间裂隙的条数和倾向平均值、裂隙走向平均值；在走向玫瑰花图中，大于 180°的走向都减去 180°，裂隙都归到 0°~180°之内，以走向方位角 10°为间距，计算各区间内节理条数，走向均值，可以得到作图的原始数据。每个区间间隔的数据投在图中就是一个坐标点，按从上到下的顺序连接这些点就绘制出玫瑰花图。

等面积赤平投影法需要将原始数据进行适当的坐标变换，即把方位角和倾角表示的产状变换为直角坐标(图 1-12)，采用右手坐标系，X 轴指向东，Y 轴指向北，Z 轴指向上(汤经武、杨学敏，1989)。设面状构造产状为$\varphi\angle\theta$，规定其法线向上半球投影，投影极点到圆心的距离与 Op 的关系为

$$Op=2r\cdot\sin\frac{\theta}{2} \tag{1-23}$$

当θ=90°，$Op=\sqrt{2r}\ S$ 时，由于投影距离不能超过基圆半径 r，所以投影极点到圆心的距离为

$$d=\frac{Op}{\sqrt{2}}=\sqrt{2r}\cdot\sin\frac{\theta}{2} \tag{1-24}$$

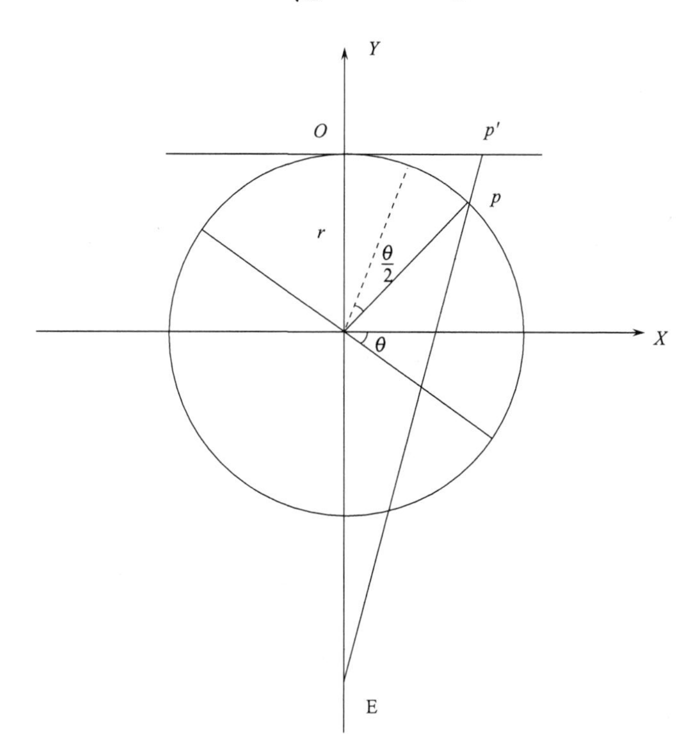

图 1-12　裂隙方向投影示意图

面状构造的极点坐标为

$$x = \sqrt{2r} \cdot \sin\frac{\theta}{2} \cdot \sin\varphi$$
$$y = \sqrt{2r} \cdot \sin\frac{\theta}{2} \cdot \cos\varphi \tag{1-25}$$

反之若已知面状构造的极点坐标，可求得面状构造的产状

$$\varphi = \arctan\frac{x}{y}$$
$$\theta = 2\arcsin\frac{x^2 + y^2}{2r^2} \tag{1-26}$$

根据公式(1-26)计算出极点坐标后，可以作出极点分布图。按照等面积原理，可以用计算程序统计极点密度，先把圆周附近的点按对称点相加的原理进行处理，将边缘环带($0.9R$–R)按对称点原理反射到另一端的基圆，然后将施密特南北径和东西径都均匀划分为 20 格，组成 $n\times n$(n=20)的网格。统计时，使网格交点处的数值代表以该点为圆心，以小格边长为半径的圆内(为基圆面积的百分之一)的极点数之和。再利用这些点处的数据可以从高到低绘制出等值线。每条等值线都封闭一定的区域和网格点，根据等值线可找出局部区域内的最大网格点的坐标或相等的几处最高值格点的坐标，对这几点求它们坐标的均值为优势中心。

4. 密度/间隔/频率

裂隙密度与裂隙间隔、频率类似，均为表示裂隙空间分布形式的变量，是许多地质工程项目的重要参数。例如，在采矿工程具有重要作用的岩石质量指标(rock quality designation，RQD)，只取决于对裂隙频率的认识。

裂隙密度为单位度量尺度(长度、面积、体积)内的裂隙数目。裂隙间隔表示沿着设定的扫描线方向，裂隙的两个交叉点之间的距离。裂隙频率的定义为单位扫描线长度内的裂隙数目。对于给定的裂隙网络，裂隙密度是唯一的，而裂隙间隔/频率则随着扫描线方向和位置的变化而变化。裂隙密度与裂隙产状、裂隙大小、取样窗口的产状、取样窗口的大小等因素有关。要得到合理的裂隙密度，需要高度关注取样窗口大小的影响。

根据裂隙平均间距和平均密度之间的关系，可以得到裂隙的一维密度。对于不受岩性和构造变异支配的裂隙岩体，裂隙之间不存在相互作用，裂隙间距是随机分布的。对于复杂岩体，裂隙间距可能是均匀、成群和随机分布的相互组合、叠加的结构。一般来说，许多学者认为除了特殊均匀的情况外，一般裂隙间距均服从负指数分布形式。

实际上，空间中裂隙的真实数量不可能直接获得，只能通过间接的方法获得。而裂隙的体积密度与裂隙的产状、大小和面密度之间存在紧密相关。得到裂隙产状和直径的统计结果后，结合裂隙的面密度即可推测裂隙的体积密度。

裂隙与测线交点可能是均匀的、成群的、随机的，也可能是它们的组合。对于均匀的柱状玄武岩和单一成层的砂岩，由于均匀的裂隙化作用和均一的成岩作用，其裂隙间距就可能均匀排列，为正态分布形式。在自由面或断层附近的劈裂作用，或者由于岩性

的周期性变化，如砂岩和高度裂隙化的粉砂岩互层，就可能产生成群分布，在同一群中裂隙间距很小，而两群之间的间距又很大。若是均匀岩体，由于不受岩性和构造变异的支配，即裂隙之间不存在相互作用，则裂隙间距就是随机的。对于复杂岩体，裂隙间距可能是均匀、成群和随机分布的相互组合、叠加的结果。Priest 和 Hudson(1981)发现，除非均匀非常显著，均匀、成群和随机分布的任何组合叠加均服从负指数分布形式。

实际上，节理间距的分布形式是受其成因和形成过程控制的。岩体中应力和强度的变化就可引起间距的变化，致使间距的方差发生变化，其结果就造成分布形式的变化。另外，几种间距的组合分布并不是简单的相加。小间距在叠加中保留下来，而大的间距因在构造作用下进一步发育而消失。

Priest 和 Hudson(1981)采用线测绘法对裂隙间距分布测量作了理论分析和实际工程应用研究，并探讨了裂隙间距的分布形式。Oda(1986)获得了裂隙被测线交切个数的表达式，结合裂隙圆盘直径通过裂隙线频率推算出节理的体积密度。邬爱清等(1998)、陈剑平等(1995)研究了裂隙体积密度和节理面密度、线密度之间的关系。

5. 隙宽

隙宽即裂隙宽度，也叫张开度，指裂隙面之间的垂直距离，是影响裂隙岩体渗透张量的重要几何因素，也是在实际工作中较难获取的参数。真实裂隙的隙宽是有一定的变化的，很难以简单的数学关系准确地表达裂隙隙宽的变化和粗糙起伏特征，在进行裂隙测量和其分布函数拟合时，一般假设每一裂隙的隙宽是固定不变的。

隙宽覆盖了一个广阔的尺度范围，因为隙宽的变化不仅来自断层壁的机械错位，也可能来自化学反应(如溶解)，以及由于覆盖层产生的正压力。由于隙宽在野外很难准确的测量，故隙宽的概率分布一般是由间接方法推断的。隙宽可以通过各种各样的方法测量，包括对岩心或露头的直接测量和根据流动数据推导，因此表现出较广的分散。裂隙的隙宽一般都小于 lmm，个别张性裂隙会达到 5~10mm，所以在实际工程中裂隙隙宽很难准确的获取。以往常用塞尺来测量裂隙的隙宽，但一般的塞尺最小只能测出 0.5mm 的隙宽，在条件允许的情况下采用摄影图像法间接测量可以得到更为理想的效果。实际情况中的裂隙隙宽是有一定的变化的，其变化很难用简单的数学关系准确的表达。在裂隙的测量和分布函数拟合时，一般假设每一条裂隙的隙宽是不变的。

与对裂隙长度的研究相比，对隙宽分布的研究相对较少。对于毫米到厘米范围内的隙宽中，Barton 和 Zoback(1992)在超过 1600 个关于岩心中的开口裂隙隙宽(隙宽 2~9cm)的测量值中，发现了一个值为 2.47 的指数；Johnston 和 McCaffrey(1996)得到了矿脉(隙宽 5~50mm)的一个值为 1.7~1.8 的指数；Barton(1995)在关于开口裂隙的 444 个隙宽测量结果中，得到一个值为 1.58 的指数(隙宽 1~10mm)。在微米尺度上，Belfield 和 Sovitch(1994)获得了 2~2.4 的指数(隙宽 6~40μm)，从对花岗岩和石英岩微裂纹的分析中 Wong 等(1989)发现了一个指数为 1.8(隙宽 3×10^{-2}~10μm)。Belfield(1994)提出，岩心中的开口裂隙的毫米尺度上的隙宽是多重分形的。随后，Belfield(1998)提出裂隙隙宽遵循一种以指数为 1.85 的 Levy 稳定分布，与幂律尾指数类似。这些隙宽分布指数的估计值涵盖范围广泛，为 1.5~2.5。

裂隙隙宽的概率分布，目前主要有对数正态分布(Snow，1970；Pyrak-Nolte et al.，1997)、负指数分布及 Gamma 分布等(潘别桐，1987；Barton，1995)。在幂律情况下，隙宽分布可以表达为 $n(A) \approx A^{-z}$ 。

6. 位移

位移(断距)分布可以通过一维和二维采样方法估计(图 1-13)，往往服从幂律分布(Childs et al.，1990；Jackson 和 Sanderson，1992)，也有部分是指数分布(Dauteuil and Brun，1996)。

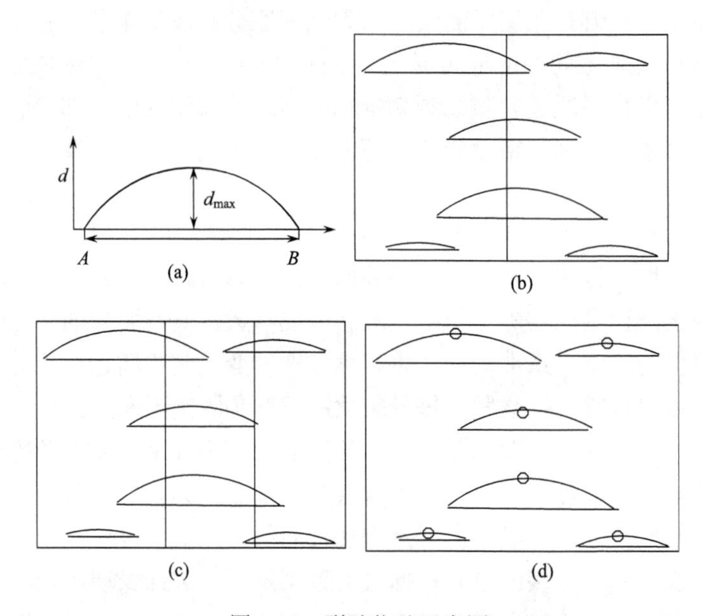

图 1-13　裂隙位移示意图

(a)裂隙最大位移示意图；(b)单一测线示意图；(c)多测线取样示意图；(d)二维取样示意图

在一维取样中，需要记录交切扫描线断层的位移。既然断层的位移随其长度变化，记录的位移取决于扫描线交切断层，而不必是最大位移。利用一维取样数据，根据累积分布得到的幂律指数位于 0.4~1.0 的范围(Gillespie et al.，1993；Nicol et al.，1996；Steen and Andresen，1999)，即密度指数的范围为 1.4~2.0。然而，这些指数与那些已被记录的最大位移(二维采样)间的关系并不是直接的。二维指数等于一维指数加 1 这种简单的关系是假定位移和位置都是独立的，而事实可能并非如此(Cowie and Scholz，1992；Bour and Davy，1999)。使用几个平行扫描线的多行取样存在着类似的问题。这增加了数据的数量，但意味着长的断层可能被多次取样，这也许可以解释该指数观察的广泛分布，为 1.3~2.3(密度指数)(Nicol et al.，1996；Watterson et al.，1996)。

在二维取样中，可以记录每个沿断层迹线找到的最大位移，需要识别出每个断层。但这是一个有点主观的过程，因为取样经常是通过三维系统在二维部分中完成，这种位移可能不能代表整个断层面的最大值。但是二维取样比一维采样更具代表性，因为每个单独的、具有代表性的位移都归因于每个断层。只有少数的研究(Childs et al.，1990；Scholz and Cowie，1990；Gauthier and Lake，1993；Carter and Winter，1995；Watterson et al.，1996；Pickering et al.，1997；Fossen and Hesthammer，1997)说明了位移分布并可以精确计算，给出了 1.7~2.4，平均值为 2.2 的一系列指数。Yielding 等(1996)的研究给出了约 2.3 的平均指数。

二、裂隙属性分布

许多研究表明，裂隙的不同属性服从不同的分布。裂隙迹长一般服从对数正态分布或指数分布(Robertson，1970)，地质学家最常用的累积分布、地球物理学家主要使用的密度分布一般服从幂次定律。许多学者对不同地区、不同岩体进行了节理成因、间距、迹长的分布研究，得出裂隙间距多数服从负指数分布。

对许多裂隙总体的长度、位移、隙宽来说，幂律似乎是一个很好的模型。但是，还存在一些其他分布(如对数正态分布、指数分布等)能对已观察到的数据提供更适合的方法。特别是对于裂隙系统，长度分布取决于分层的性质(Odling et al.，1999)，对数正态分布最适合局限于单一岩层的裂隙(层控系统)，而幂律适合更大规模的岩石中的裂隙(非层控系统)。但总的来看，裂隙属性服从的分布主要有几下几种。

1. 幂指数定律

不同尺度和地质构造的大量研究表明，许多裂隙属性(长度、位移)的分布往往遵循幂指数分布：

$$n(w) = A_4 w^{-a} \tag{1-27}$$

幂指数分布的一个重要特征就是其不包含任何特征尺度。本质上，幂指数定律不得不局限于物理长度尺度，形成有效的上、下限尺度范围。现在普遍认识到幂指数总体由于受到分辨率和有限尺寸影响，会出现指数分布或对数正态分布。

幂指数定律在裂隙系统研究中的作用越来越重要。

2. 对数正态分布

对数正态分布普遍被用来描述裂隙长度分布(Priest and Hudson，1981；Rouleau and Gale，1985)。事实上许多原始的裂隙数据集(迹线长度、断距)都可以较好地适合对数正态分布，定义为：

$$n(w) = 1/(w\sigma\sqrt{2\pi})\exp(-\frac{[\log(w)-\overline{\log(w)}]^2}{2\sigma^2}) \tag{1-28}$$

式中，$\overline{\log(w)}$ 和 σ 分别为裂隙属性 w(长度、位移)对数均值和方差。对数的均值和方差分别裂隙属性 w(长度、位移等)。

由于小于分布模型值的裂隙不能完全抽样，影响幂指数总体的分辨率效应(如截断)

会产生对数正态分布(Einstein and Baecher，1983；Segall and Pollard，1983)。因此，随着地球科学中标度概念的兴起，幂指数定律分布由于其显著的物理意义已超过了对数正态分布的应用(Barton and Zoback，1992)。然而，实际上所有的幂指数律必须有上、下限截断。

3. 指数律

指数律被用来描述陆相岩石(Cruden，1977；Hudson and Priest，1979，1983；Priest and Hudson，1981；Nur，1982)和洋中脊附近区域(Carbotte and Mcdonald，1994；Cowie et al.，1993)裂隙的大小。在这些情况下，均衡应力分布的裂隙生长结果(Dershowitz and Einstein，1988)和裂隙的传播可与泊松过程(Cruden，1977)产生的指数分布进行比较。

$$n(w) = A_2 \exp(-w / w_0) \tag{1-29}$$

式中，A_2为常数。

指数律包含一个特征尺度w_0，反映系统中的物理长度，如沉积层或脆弱地壳的厚度，或裂隙生长过程中的自反馈过程(Renshaw，1999)。数值模拟(Cowie et al.，1995)和实验结果(Bonnet，1997)表明，裂隙长度的指数分布也与变形的早期阶段有关，此时裂隙晶核形成在生长和合并过程中占优势地位。

4. 伽马律

伽马分布是具有指数尾巴的幂指数，并在断层或地震统计和地震危险性评估中都有使用(Davy，1993；Main，1996；Kagan，1997；Sornette and Sornette，1999)。任何服从伽马分布的整体都可以幂次定律指数a和特征尺度w_0刻画。

$$n(w) = A_3 w^{-a} \exp(-w / w_0) \tag{1-30}$$

在临界现象的物理中(Yeomans and Rudnick，1992)，大小(长度、位移、裂缝宽度)或间隔的分布可能服从这种分布。特征尺度w_0可能与空间模式中的长度相关，意味着分形行为的上限边界(Stauffer and Aharony，1994)，或可能依赖于变形率(Main and Burton，1984)。当w_0大于系统大小w_{max}时，伽马定律简化为幂指数定律；反过来，具有强烈有限尺寸效应的幂指数定律也可能类似于伽马定律。

三、裂隙属性关系

方向性变量的各种属性之间大部分都不是独立的，而是多种形式的相关关系，如统计相关关系，线性、指数、对数等函数相关关系。

1. 长度与宽度

许多情况下，裂隙尺寸或迹长是很难直接测定的，如钻孔中裂隙长度的测定。一般认为，裂隙面规模越大，隙宽越大，因此可以用裂隙宽度b与其对应的迹线长度l之间的统计关系进行间接确定(Liu and Bodvarsson，2001)。

$$b = cl^d$$

式中，c和d为经验常数。d在0.5~2变化(Stone，1984；Vermilye and Scholz，1995；Hatton et al.，1994；Johnston，1994；Walmann et al.，1996；Renshaw and Park，1997)，指数d的变化部分归因于裂隙间的相互作用，尤其是连通性。单独的、孤立的矿脉似乎产生一个$d=1$的线性关系(Stone，1984)，但更复杂的系统表现出非线性关系。Vermilye和Scholz(1995)已经表明，对于矿脉的雁列式排列，指数大约是0.5。这与Walmann等(1996)的实验结果相一致，他发现对于大的形变，$d=0.47$。除了这些“次线性”($d<1$)的关系，“超线性”关系($d>1$)也可能存在。Hatton等(1994)、Renshaw和Park(1997)发现冰岛火山岩裂隙中存在一个特征长度尺度L_0为12m，低于12m时$d\approx3/2$，高于12m时$d\approx2/3$。该特征长度尺度L_0被认为是反映在临界密度下裂纹之间相互作用的开始。

在某些实际研究的情况下，长度和隙宽之间对应的曲线斜率接近1，因此可以认为裂隙面大小与隙宽之间存在线性正相关关系，即$b=cl$。由此，只需要测出(钻孔)裂隙隙宽值，就可根据$b=cl$推算出与隙宽相对应的裂隙迹长。

同时，根据经典的渗流(percolation)理论，裂隙网络的连接状态可以用渗流参数p来表示，p是被系统大小L截断的裂隙长度分布的二阶矩：

$$p=\frac{\int\min(L^2,l^2)\times n(l,L)\mathrm{d}l}{L^2} \tag{1-31}$$

2. 长度与数目

裂隙数目$N(l)$与长度l之间的关系可以用幂函数来表示，裂隙的数量随着l的变化表现出如下形式：

$$N(l)=\alpha l^{-a}\mathrm{d}l \tag{1-32}$$

式中，$N(l)$为长度属于间隔$[l,l+\mathrm{d}l]$($\mathrm{d}l<<L$)内的裂隙数目；α为密度常数；a为指数。

密度分布$n(l)$可用其对应的间隔内的裂隙数目$N(l)$与间隔的尺寸$\mathrm{d}l$之比来表示(Davy，1993)：

$$n(l)=\alpha l^{-a} \tag{1-33}$$

对于幂指数总体，在双对数图上$N(l)$或$n(l)$与l之间显示出一条直线，斜率就等于幂律指数(Scholz and Cowie，1990)。理论上，只要$\mathrm{d}l$足够小，密度分布是独立于所选择的间隔的大小。但实际上间隔$\mathrm{d}l$的选择至关重要，在某种意义上说它决定了分布趋势的平滑度，$\mathrm{d}l$值的微小变化可能会导致在每个区间内裂隙数量N的显著变化。Davy(1993)提出了一个客观的方法确定间隔大小，此时$n(l)$显示了最小的波动性。

累积分布所代表的长度大于某一给定值l的裂隙数目，对应于密度分布$n(l)$的积分：

$$C(l)=\int_l^{l_{\max}}n(l)\mathrm{d}l \tag{1-34}$$

式中，$l_{\max}$为在裂隙网络中观察到的最大裂隙长度。

因此，如果$n(l)$为由指数等于a的幂指数刻画，那么$l\leqslant l_{\max}$的裂隙的累计分布也符合指数等于$a-1$(通常用c表示)的幂指数分布(Childs et al.，1990；Walsh et al.，1991；

Jackson and Sanderson，1992；Cowie et al.，1993，1995；Pickering et al.，1997）。因为累积分布是很容易计算，数据无需分级，所以其已被广泛使用。在实践中，累积分布通过对不断增加的裂隙频度数据求和加以构建，相当于引入一个低通滤波器，因此，比频度和密度分布更易于产生平滑趋势，提高了回归系数。累积分布对有限尺寸效应(可以决定指数问题)非常敏感。

3. 长度与位移

从二维采样中获得的最大位移分布可以与长度分布进行比较。断层长度和位移通常是正相关的。相关的程度取决于许多因素，包括断层间的相互作用，但如果为了简单起见，假设长度和位移间有一个完全的正相关性，最大位移值 $d_{\max}$ 将遵循以下形式的幂律：

$$n(d_{\max}) = \beta d^{-t} \tag{1-35}$$

如果 $d_{\max}$ 与断层长度相关，则有 $d_{\max} = \gamma l^{n_1}$，其中 β 和 γ 是常数，并且 t 和 n_1 是指数，那么长度和位移分布的指数，a 和 t 之间的关系如下：

$$a = n_1 t \tag{1-36}$$

简单的弹性理论预测长度位移关系指数 n_1 的值为 1.0。然而，许多研究学者(Walsh and Watterson，1988；Cowie and Scholz，1992；Gillespie et al.，1992；Fossen and Hesthammer，1997)提出 n_1 的值为 0.5~2。n_1 的偏差可部分归因于数据的分布和采样问题，也可以归结于自然规律的原因，特别是断层间的相互作用。断层部分间的联系可以导致指数小于 1(Peacock and Sanderson，1991；Trudgill and Cartwright，1994；Cartwright et al.，1995)。局部的非均质性，如岩性的变化；有限尺寸的影响，如岩层厚度(Gross et al.，1997)，以及断层生成机理都可能影响长度-位移关系的性质。

4. 长度与方向

正如前面的假设，裂隙大小可以用圆盘的直径长度来表示。裂隙的长度和方向的双变量联合分布可以参照 Gokhale(1996)的研究。

考虑 XYZ 参考坐标系的三维空间，裂隙面的法线矢量可以用其在 XY 平面的投影线与 X 轴之间的角度 φ（$0 \leqslant \varphi \leqslant 2\pi$）和其与 Z 轴的夹角 θ（$0 \leqslant \theta \leqslant \pi/2$）表示(如前图所示)。

设 $F(R,\theta,\varphi)$ 为裂隙大小和方向的频率分布，则 $F(R,\theta,\varphi)\sin\theta \mathrm{d}\theta \mathrm{d}\varphi \mathrm{d}R$ 等于 $[\theta,\theta+\mathrm{d}\theta]$、$[\varphi,\varphi+\mathrm{d}\varphi]$、$[R,R+\mathrm{d}R]$范围内的裂隙比例。

任意过 Z 轴的垂直剖面 P，其方向可以用 φ_P（$0 \leqslant \varphi_P \leqslant 2\pi$）和 $\vartheta_P = \pi/2$ 表示。垂直剖面与裂隙的交切即为迹线(弦线)图，迹线长度随裂隙的大小、位置和空间方向的不同而不同，迹线的方向可以用其与 Z 轴之间的角度 α（$0 \leqslant \alpha \leqslant \pi$）来衡量。迹线长度设为 $2r$，则其取值范围为 $[0, 2R_m]$，其中 $2R_m$ 为最大裂隙的直径。

令 $f(r,\alpha,\varphi_P)$ 为垂直剖面 P 中裂隙迹线的长度和方向的联合二变量频率分布，则 $f(r, \alpha, \varphi_P)\mathrm{d}r\mathrm{d}\alpha$ 等于$[r, r+\mathrm{d}r]$、$[\alpha, \alpha+\mathrm{d}\alpha]$范围内的裂隙迹线比例，可以通过实验测定。令 $f_0(r, \alpha)$ 为$[0, 2\pi]$范围内所有垂直剖面 P 中的平均裂隙迹线分布频率，则有

$$f_0(r,\alpha)=\int_0^{2\pi} f(r,\alpha,\varphi_P)\mathrm{d}\varphi_P/2\pi \tag{1-37}$$

实际中 $f_0(r, \alpha)$ 的估计，可以选取部分独立的垂直平面 φ_P(过 Z 轴)，对其中的 $f(r, \alpha, \varphi_P)$ 进行测量，然后求平均值。

联合概率函数 $F(R, \theta, \varphi)$ 的取值取决于方向角度 θ 和 φ。虽然在三维空间可以任意选择垂直剖面，在实践中一般选择加压或有类似物理意义的方向作为主要感兴趣的垂直剖面，而不是按角度 φ 选择。因此，主要考虑大小 R 及其方向 θ 的联合二元分布 $F(R, \theta)$ 的定义如下：

$$F(R,\theta)=\int_0^{2\pi} F(R,\theta,\varphi)\mathrm{d}\varphi \tag{1-38}$$

据此，$F(R, \theta)\sin\theta\mathrm{d}R\mathrm{d}\theta$ 等于 $[R, R+\mathrm{d}R]$、$[\theta, \theta+\mathrm{d}\theta]$ 范围内裂隙的比例。

为了通过 $f_0(r, \alpha)$ 的实际测量计算二元分布 $F(R, \theta)$ 的真实值，可以按以下步骤进行。

角度 φ_p、α、θ、φ 之间的关系为

$$\sin(\varphi_P-\varphi)=\cot\alpha\cdot\cot\theta \tag{1-39}$$

裂隙中心与垂直剖面之间的距离 d，可以通过裂隙半径 R、裂隙方向角度 θ、迹线方向 α、迹线长度 r 进行计算

$$d=\cos\theta\cdot\left[R^2-r^2\right]^{1/2}\Big/\sin\alpha \tag{1-40}$$

需要注意的是 d 并不依赖于裂隙的方向角度 θ 以及垂直剖面的定位角度 θ_P。

可见，距垂直剖面的距离小于 d 的裂隙产生的迹线长度大于 r，据此可以推导出 $f(r, \alpha, \theta_P)$ 与 $F(R, \theta, \varphi)$ 之间的关系。设 N_v 为单位体积内的裂隙总数；$C(r, \alpha, R, \theta_P)$ 为一个函数，在 $[\alpha, \alpha+\mathrm{d}\alpha]$、迹线长度 $>r$、$[R, R+\mathrm{d}R]$、$[\theta, \theta+\mathrm{d}\theta]$、$[\varphi, \varphi+\mathrm{d}\varphi]$ 的范围内可以使 $C(r, \alpha, R, \theta, \varphi_P)\mathrm{d}R\mathrm{d}\theta\mathrm{d}\alpha$ 等于垂直剖面 φ_P 中单位面积内裂隙迹线的平均数，即厚度为 $2d$ 的单位铺面面积内(体积为 $1\times 2d$ 的盒子)的裂隙中心点数的期望值。因此可以推导出下式：

$$C(r,\alpha,R,\theta,\varphi_P)\mathrm{d}R\mathrm{d}\alpha\mathrm{d}\theta=2\cos\theta\cdot\left[R^2-r^2\right]^{1/2}\cdot N_v\cdot F(R,\theta,\varphi)\sin\theta\mathrm{d}R\mathrm{d}\theta\mathrm{d}\varphi/\sin\alpha \tag{1-41}$$

根据前面关于角度和距离的关系式，可以得到

$$\mathrm{d}\varphi=\cot\theta\mathrm{d}\alpha\,/\sin^2\alpha\cos(\varphi_P-\varphi) \tag{1-42}$$

$$\mathrm{d}\varphi=\cot\theta\,\mathrm{d}\alpha/[1-\cot^2\alpha\cot^2\theta]^{1/2}\sin^2\alpha$$

进而可以得到公式：

$$C(r,\alpha,R,\theta,\varphi_P)\mathrm{d}R\mathrm{d}\theta=g(\alpha,\theta)\cdot\left[R^2-r^2\right]^{1/2}\cdot N_v\cdot F(R,\theta,\varphi)\mathrm{d}R\mathrm{d}\theta \tag{1-43}$$

其中，$g(\alpha,\theta)=\left\{2\cos^2\theta\sin\theta\right\}\Big/\left\{\sin^2\alpha\left[\sin^2\alpha-\cos^2\theta\right]^{1/2}\right\}$

$C(r, \alpha, R, \theta, \varphi_P)$ 的数值适用于方向角度为 φ_P 的垂直剖面中大于 r 且方向范围为 $[\alpha, \alpha+\mathrm{d}\alpha]$ 的裂隙迹线，产生这些迹线的裂隙范围为 $[R, R+\mathrm{d}R]$、$[\theta, \theta+\mathrm{d}\theta]$、$[\varphi, \varphi+\mathrm{d}\varphi]$。

令 $C(r, \alpha, R, \theta)$ 为所有垂直剖面 P 中裂隙迹线的平均值，可以得到：

$$C_0(r,\alpha,R,\theta,\varphi_P) = \int_0^{2\pi} C(r,\alpha,R,\theta,\varphi_P)\mathrm{d}\varphi_P / 2\pi$$

$$\int_0^{2\pi} C(r,\alpha,R,\theta,\varphi_P)\mathrm{d}\varphi_P\mathrm{d}R\mathrm{d}\theta = g(\alpha,\theta)\cdot N_v\cdot\left[R^2-r^2\right]^{1/2}\int_0^{2\pi} F(R,\theta,\varphi)\mathrm{d}\varphi_P\mathrm{d}R\mathrm{d}\theta$$

$$\int_0^{2\pi} C(r,\alpha,R,\theta,\varphi_P)\mathrm{d}\varphi_P\mathrm{d}R\mathrm{d}\theta = g(\alpha,\theta)\cdot\left[R^2-r^2\right]^{1/2}\cdot N_v\int_0^{2\pi} F(R,\theta,\varphi)\mathrm{d}\varphi\mathrm{d}R\mathrm{d}\theta \quad (1\text{-}44)$$

$$\int_0^{2\pi} C(r,\alpha,R,\theta,\varphi_P)\mathrm{d}\varphi_P\mathrm{d}R\mathrm{d}\theta = g(\alpha,\theta)\cdot N_v\cdot\left[R^2-r^2\right]^{1/2}\int_0^{2\pi} F(R,\theta,\varphi)\mathrm{d}\varphi_P\mathrm{d}R\mathrm{d}\theta$$

$$C_0(r,\alpha,R,\theta)\mathrm{d}R\mathrm{d}\theta = g(\alpha,\theta)\cdot\left[R^2-r^2\right]^{1/2}\cdot N_v\cdot F(R,\theta)\mathrm{d}R\,\mathrm{d}\theta/2\pi$$

定义 $G(r, \alpha)$ 为所有垂直剖面 P 上的平均函数，$G(r, \alpha)$ 的值等于 $C_0(r, \alpha, R, \theta)\,\mathrm{d}R\mathrm{d}\theta$ 贡献的总和，对应于所有那些可以产生长度大于 r ($r\leqslant R\leqslant R_m$) 且方向角度 α ($[\pi/2-\alpha] \leqslant\theta\leqslant \pi/2$) 的迹线的裂隙，则可以得到下式：

$$G(r,\alpha) = 4N_v\int_{\pi/2-\alpha}^{\pi/2}\int_r^{r_m}\left[R^2-r^2\right]^{1/2}\cdot g(\alpha,\theta)\cdot F(R,\theta)\mathrm{d}R\,\mathrm{d}\theta/2\pi \quad (1\text{-}45)$$

假设 N_A 为垂直剖面中单位面积内裂隙迹线的总数，可以通过对多个方向的垂直剖面求平均得到：

$$N_A\cdot f_0(r,\alpha) = -\left[\partial G(r,\alpha)/\partial r\right]_\alpha \quad (1\text{-}46)$$

可以得到 $f_0(r, \alpha)$ 和 $F(R, \theta)$ 之间的关系如下：

$$f_0(r,\alpha) = \frac{4rN_v}{\pi N_A\sin^2\alpha}\int_r^{r_m}\int_{\pi/2-\alpha}^{\pi/2}\cdot\frac{\cos^2\theta\sin\theta\cdot F(R,\theta)\mathrm{d}\theta\mathrm{d}R}{\left[R^2-r^2\right]^{1/2}\left[\sin^2\alpha-\cos^2\theta\right]^{1/2}} \quad (1\text{-}47)$$

该公式可以通过下述方法求解。

令

$$W(\alpha,R) = \int_{\pi/2-\alpha}^{\pi/2}\frac{4\cos^2\theta\sin\theta\cdot F(R,\theta)\mathrm{d}\theta}{\pi\sin^2\alpha\left[\sin^2\alpha-\cos^2\theta\right]^{1/2}}$$

$$t = R/R_m$$

$$v = r/R_m$$

$$P(v,\alpha) = f_0(r,\alpha)\cdot N_A/(rN_v)$$

综合起来，可以得到以下结果：

$$P(v,\alpha) = \int_v^1\frac{W(t,\alpha)\mathrm{d}t}{\left[t^2-v^2\right]^{1/2}} \quad (1\text{-}48)$$

这是一个标准的 Abelian 公式，求其解可以得到：

$$N_v\cdot F(R,\theta) = \frac{N_A}{\pi[\cos^2\theta\sin\theta]}\cdot\frac{\partial^2}{\partial R\partial\theta}\int_R^{R_m}\int_0^{\pi/2-\theta}\cdot\frac{\sin^3\alpha\cos\alpha\cdot f_0(r,\alpha)\mathrm{d}\alpha\mathrm{d}r}{\left[\cos^2\alpha-\sin^2\theta\right]^{1/2}\left[r^2-R^2\right]^{1/2}} \quad (1\text{-}49)$$

式(1-49)左侧是两变量数值的分布函数。$n_v(R, \theta)\sin\theta\mathrm{d}\theta\mathrm{d}R$ 给出了单位体积内的满足条件$[R, R+\mathrm{d}R]$和$[\theta, \theta+\mathrm{d}\theta]$的三维裂隙数。

相似地，$[N_A \cdot f_0(r,\alpha)]$是垂直剖面中二元数值分布函数 $n_a(R,\alpha)$ 的平均值，这样 $n_A(r,\alpha)\mathrm{d}r\mathrm{d}\alpha$ 等于垂剖面中单位面积内的满足条件$[r, r+\mathrm{d}r]$和$[\alpha, \alpha+\mathrm{d}\alpha]$的裂隙迹线平均数。因此可以替换成下式：

$$n_v(R,\theta)=\frac{1}{\pi\cos^2\theta\sin\theta}\cdot\frac{\partial^2}{\partial R\partial\theta}\int_R^{R_m}\int_0^{\pi/2-\theta}\cdot\frac{\sin^3\alpha\cos\alpha\cdot n_A(r,\alpha)\mathrm{d}\alpha\mathrm{d}r}{\left[\cos^2\alpha-\sin^2\theta\right]^{1/2}\cdot\left[r^2-R^2\right]^{1/2}} \quad (1\text{-}50)$$

根据式(1-49)和式(1-50)，可以通过垂直剖面测量二元分布，进而估计裂隙大小和方向二元分布的真实值。

另外，Gokhale(1996)也考虑了裂隙圆盘直径与方向的双变量相关分布。具体来说，如果有一个围绕 Z 轴的圆柱状对称，那么裂隙圆盘整体特征由概率 $h(\varphi,\theta)$ 表示，其中 θ 是垂直轴与法线向量 $\boldsymbol{n}$ 的正 Z 分量之间的夹角。从而 $h(\varphi,\theta)\sin\theta\mathrm{d}\theta\mathrm{d}\varphi$ 等于直径在 φ 到 $\varphi+\mathrm{d}\varphi$ 和方向在 θ 到 $\theta+\mathrm{d}\theta$ 范围内的裂隙圆盘所占比例。相似地，包含 Z 轴的平面中的迹线可以由双变量密度函数 $g(c,\alpha)$ 刻画，其中 α 为迹线与垂直轴的锐角夹角，c、φ_m 为裂隙圆盘直径 φ 的取值范围。 $g(c,\alpha)$ 与 $h(\varphi,\theta)$ 之间的关系可以用下式来表示：

$$g(c,\alpha)=\frac{8c}{\pi^2<\varphi>\sin^2\alpha}\int_c^{\varphi_M}\int_{\pi/2-\alpha}^{\pi/2}\frac{\cos^2\theta\sin\theta h(\varphi,\theta)\mathrm{d}\theta\mathrm{d}\varphi}{(\varphi^2-\mathrm{c}^2)^{1/2}(\sin^2\alpha-\cos^2\theta)^{1/2}} \quad (1\text{-}51)$$

Berkowitz 和 Adler(1998)比较了弦概率密度公式与 Monte Carlo 法模拟的结果，发现在考虑大量裂隙圆盘时二者之间具有较好的一致性。然而有资料显示分布在 20 组中的 100 条迹线是构造弦长概率密度 $g(c)$ 的下限。

第二章　方向性变量的跨维数转换

裂隙的三维测量数据对于裂隙网络的模拟具有重要的作用，是裂隙网络强健统计分析的重要支持，但在实际中只有少量的观察属于三维测量，如从地震调查和连续岩石切片获得的数据(Gertsch，1995)。实际中多数裂隙的观测从钻孔、岩心样品、扫描线等的一维观察，或从露头、巷道壁等二维迹线图中获取。一维和二维数据集的空间分布均有研究，但长度分布研究则主要集中在二维数据集，而其他属性分布(即隙宽、宽度、位移等)的研究主要是在一维数据集。

因此从低维(一维、二维)观察资料获取裂隙的三维数据非常必要。在实际中容易观察到的低维裂隙数据是其三维实体与一维和二维截面相交后留下的痕迹，蕴含着三维裂隙的信息。因此在一定条件下，根据岩石破坏力学理论和体视学技术(DeHoff and Rhines，1968)，可以从观察到的低维资料反演推断出三维裂隙的分布，主要是裂隙的各种属性、特征由低维向高维的转换。

在裂隙的跨维数研究方面，可以用 Monte Carlo 法生成综合裂隙网络的假设迹线图，并与实地现场数据相比较，裂隙网络被不断重复生成，直到与实际迹线图得到“满意的匹配”。Pigott(1997)推导出基本相同的关系，提出假设圆盘直径概率密度服从幂次定律，给出了解析表达式来计算单位面积内大于特定长度的迹线数目，并通过数字三维裂隙网络生成的迹线图得到了验证。Gokhale(1996)、Berkowitz 和 Adler(1998)实际处理了从三维裂隙网络推导二维观测的正向问题(Charlaix et al.，1984)。Berkowitz 和 Adler(1998)研究了从一维到二维以及从二维到三维裂隙数据推导的体视学问题，并得出了一系列的分析关系式。特别是针对圆盘直径的不同分布(如单分散分布、幂次定律、对数正态分布、指数分布)以及其他参数(如研究域内的迹线数目)的影响，研究了平面和裂隙网络间交点的统计特征。在假设裂隙在空间均匀随机分布的前提下，通过一系列线性方程组的递归求解，逆问题得到了解决，可以恢复裂隙直径长度的原始分布，根据现场数据得出圆盘直径的幂律分布指数范围为 1.3~2.1。Gokhale (1996)提供的正算问题和逆算问题的解析解，也解释了大小和方向分布的二元相关，然而却没有提供实际数据的应用。

第一节　密度的跨维数转换

许多传统的裂隙研究采用沿扫描线(钻孔也可以被看作是一条垂直扫描线)来获取有关裂隙频率或裂隙间距的一维线性采样，可以提供许多有用的信息。然而，在采矿工程、石油地质和水文地质等领域的最近的许多研究中显示，二维裂隙密度的测量和估计是必不可少的，在研究天然气和石油生产中裂隙性油藏，特别是地表下岩石流体流动的特征和裂隙岩体的运输以及矿业开采的安全设计中尤为重要(Long et al.，1982；Long and

Witherspoon，1985；Long and Billaux，1987；Cacas et al.，1990；Hestir and Long，1990；Renshaw，1996；Deng et al.，2001）。

然而在许多情况下裂隙密度不能直接在现场测量，裂隙的研究通常限于露头的可及性、有限的取样面积和通过测井获得的信息，因此很难获得足够的直接信息来确定裂隙的二维和三维密度。要描绘裂隙网络的二维几何形状，确定裂隙频率和裂隙密度之间的关系是很有必要的，从这种关系中推演出一种数学方法，在统计学的基础上，用裂隙网络的几何形状来估算裂隙密度。

一、密度的定义

关于裂隙密度的定义，根据研究侧重点的不同，可以有不同的形式，一般可以包括裂隙频率、一维裂隙密度、二维裂隙密度和三维裂隙密度。

裂隙频率是指单位长度内的裂隙数目，其定义为

$$f = N/L \tag{2-1}$$

一维裂隙密度是指单位长度上与直线相交的裂隙条数，其定义为

$$\rho_1 = \frac{\sum_{i=1}^{N} l_i}{A} \tag{2-2}$$

二维裂隙密度是指单位面积上的平均裂隙长度，即裂隙迹长，其定义为

$$\rho_2 = \frac{\sum_{i=1}^{N} \left(\frac{l_i}{2}\right)^2}{A} \tag{2-3}$$

三维裂隙密度是指单位体积内的平均裂隙表面积，其定义为

$$\rho_3 = \frac{\sum_{i=1}^{N} (r_i)^3}{V} \tag{2-4}$$

式中，N为裂隙总数目；L为扫描线的长度；l_i为裂隙i的长度；r_i为裂隙i的平均直径，约等于$l_i/2$；A为取样面积；V为取样体积。

f和ρ_1都有相同的单位$1/\mathrm{L}$，对于特定的裂隙网络，ρ_1是常数；所以f和ρ_1之间很有可能存在统计关系。相比之下，ρ_2和ρ_3由于裂隙长度分布不同，可有不同值。例如，如果两个裂隙网络ρ_1相同，但是长度分布不同，则ρ_2不同。长度较长的裂隙网络ρ_2值比短的裂隙大。ρ_2和D_3的另一个重要特征是它们都无量纲，所以与尺度大小无关。

ρ_1和ρ_2的基本差异在于：ρ_2无量纲，与迹线图的规模无关；ρ_2与占有裂隙半迹长的格子总和成正比，而ρ_1则与裂隙长度总和成正比。

然而，对于一个裂隙网络ρ_1是常数，但ρ_2则随着裂隙长度分布的不同而变化。实验结果显示ρ_2反映了裂隙性岩石真正的流动特性，它强调了长裂隙所起的作用。这个结论同 Renshaw(1996)所观察到的一致，即三维裂隙网络中液体流动主要受很少量的具有传导作用的裂隙所控制，如一些破碎带和断层，Hestir 等(1996)的案例研究认为多数破

碎带主要控制着裂隙系统的流动属性。

Xu 和 Jacobi (2003) 开展了不同维数中裂隙密度之间的统计关系，发现了如下关系：f 和 ρ_1 之间的统计关系 $\rho_1 = 1.340f + 0.034$，沉积岩中裂隙 $\rho_1 = 1.248f + 0.083$，火山岩中裂隙 $\rho_1 = 1.484f - 0.026$。

二、密度的跨维数转换

1. 密度转换的理论联系

假设给定每条裂隙的长度和裂隙迹线图的总面积，可以求得 D_1 和 D_2，假定 $f(x)$ 函数用来描述裂隙迹线的理想长度分布曲线，裂隙密度方差的近似估计为

$$\rho_1 = \frac{\int_0^N f(x)\mathrm{d}x}{A}$$

$$\rho_2 = \frac{\int_0^N \left(\frac{f(x)}{2}\right)^2 \mathrm{d}x}{A} \tag{2-5}$$

$$\rho_3 = \frac{\int_0^N \left(\frac{f(x)}{2}\right)^3 \mathrm{d}x}{V}$$

那么

$$\rho_2 / \rho_1 = \frac{\int_0^N \left(\frac{f(x)}{2}\right)^2 \mathrm{d}x}{\int_0^N f(x)\mathrm{d}x}$$

$$\rho_3 / \rho_1 = \frac{\int_0^N \left(\frac{f(x)}{2}\right)^3 \mathrm{d}x}{H\int_0^N f(x)\mathrm{d}x} \tag{2-6}$$

式中，N 为裂隙总数目；H 为取样体积的深度。

如果裂隙长度服从指数分布，则有

$$f(x) = c\mathrm{e}^{kx}$$

$$\rho_2 / \rho_1 = \frac{c}{8}\left(1 + \mathrm{e}^{Nk}\right) \tag{2-7}$$

$$\rho_3 / \rho_1 = \frac{c^2}{24H}\left(\mathrm{e}^{2Nk} + \mathrm{e}^{Nk} + 1\right)$$

同样，ρ_3 / ρ_2 的关系也可导出：

$$\rho_3 / \rho_2 = \frac{c}{3H}\left(\frac{\mathrm{e}^{2Nk}}{\mathrm{e}^{Nk} + 1} + 1\right) \tag{2-8}$$

式中，c和k为由裂隙长度分布曲线拟合确定的常数，长度符合幂律或指数分布；H为取样体积的深度。

2. 密度转换的实际限制

理论上，利用ρ_3 / ρ_1和ρ_3 / ρ_2只要满足下面3个条件就可求得ρ_3：①ρ_1已知；②裂隙长度分布已知；③取样体积深度内裂隙密度是均质的。然而，自然界中三维裂隙网络是很复杂的。例如，层状沉积岩中裂隙的发育受应力条件、层厚及岩石的物理性质控制，导致不同剖面中的裂隙模型有很大的不同。一种理想的情况是薄层均质沉积岩中三维裂隙网络可用二维裂隙模型进行模拟，二维裂隙模型中裂隙常规定为沿着层面。相反，在块状岩中裂隙的发育并不受层面限制，完全是三维的。通常情况下，沉积岩中不同方向剖面的裂隙模式变异要比火成岩中大。所以在实践中用ρ_3 / ρ_1和ρ_3 / ρ_2关系来估计三维密度应当满足两个条件：①估算是在一个单一力学性质并且厚度有限的岩层中进行；②裂隙调查至少要在两个不同的维数进行以保证取样体积内所有的裂隙都被包括进去。例如，低倾角的，尤其是水平的裂隙极有可能在裂隙图表面被排除，这就需要垂直测井调查那些在表面无法观察到的裂隙组。

在许多地区，裂隙是在多期变形阶段下产生的，形成了复杂的裂隙网络，因此在从一维数据估计二维裂隙密度时，应该根据岩石变形史把裂隙分成若干个组，分别估算每组的裂隙密度，然后再相加得到总的密度。

3. 密度转换的估值变化

根据Xu和Jacobi(2003)使用从36幅迹线图观察到的裂隙密度进行的研究，对于大多数裂隙迹线图，指数函数可以较好地估算裂隙密度。然而对于有些裂隙迹线图，指数分布不能很好地匹配裂隙分布观测数据，其ρ_2值被严重低估，尤其是长裂隙被低估。

与短裂隙相比，ρ_2的估计更依赖于长裂隙，低估长裂隙会导致在计算ρ_2值时产生相当大的误差。一般通过以下两种方法降低在计算ρ_2值时产生的误差，一是在拟合裂隙长度-数目曲线前依据优势方向把裂隙分成不同组，这样针对每组裂隙能够得到最好的拟合，而对于所有裂隙不加以分组就很难确定最佳拟合。二是在曲线拟合前去掉所有短的裂隙，迫使拟合曲线朝长的裂隙靠拢。依据经验，如果去除某组裂隙中长度小于最大长度10%的裂隙，通常就能得到最佳模拟。由于每条裂隙的长度在计算ρ_2时都要平方，移除短裂隙所产生的误差在 1%范围之内。与使用所有长度的裂隙进行计算相比，运用这两种方法可以使ρ_2的误差平均值下降到6.4%。

三、密度的跨维数分析

实际中裂隙的直接观察很难，只能通过三维裂隙在一维和二维剖面上的迹线间接观察，而且裂隙迹线长度更容易观察，因此不仅仅需要从一维、二维、三维裂隙密度出发分析裂隙密度的跨维数转换，更需要从几何角度分析不同形式的裂隙密度之间的联系，尤其是裂隙迹长与裂隙密度之间的联系。

1. 密度的定义

根据 Balberg 等(1984)对互斥体积的研究，假设裂隙位置 p 均匀随机分布，裂隙密度 ρ（单位体积裂隙中心点数)为常数，互斥体积(excluded volume)可表示为

$$V_{\text{ex}} = \frac{1}{2} < A >< P > \tag{2-9}$$

式中，$< A >$ 和 $< P >$ 分别为裂隙圆盘总体的平均面积和周长，表示为 $< P >= 2\pi r = \pi < \varphi >$ 和 $< A >= \pi r^2 = \frac{\pi}{4} < \varphi^2 >$；$\varphi$ 为裂隙圆盘的直径；r 为裂隙圆盘的半径。

对于密度为 ρ 的裂隙网络，单个裂隙的平均交切数 N_{I} 可以表示为 $N_{\text{I}} = \rho V_{\text{ex}}$，从而裂隙网络的交切密度 ρ_{I} 可以直接表示为 $\rho_{\text{I}} = \frac{1}{2}\rho^2 V_{\text{ex}}$，其中的 1/2 表示总的交切数为各条裂隙与裂隙数乘积的交切数的一半。

考虑一个圆盘裂隙网络与一任意平面 P，圆盘彼此之间相交，但也与平面相交。为了清晰起见，圆盘之间的交线称为“针”(needle)，圆盘与平面之间的交线称为“迹线”(trace)或“弦”(chord)，迹线之间的交切或针与平面之间的交切称为“点”(point)。裂隙的体密度用 ρ 来表示，迹线的面密度(单位表面内的迹线数目)用 Σ_{t} 来表示，针的体密度用 ρ_{n} 来表示，点的表面密度用 Σ_{p} 来表示。

2. 体密度与面密度的关系

设裂隙圆盘中心点与观察平面之间的距离为 z，其单位法线矢量与平面法线之间的夹角为 α。假设直径为 φ 的圆盘与观测面交切的比例为 $P(z,\varphi)$，自然地只有当 $|z| < \varphi/2$ 时才会有交切，$P(z,\varphi)$ 可以为以下形式：

$$P(z,\varphi) = \sqrt{1 - 4z^2/\varphi^2} \tag{2-10}$$

在切面 $-\varphi/2 < z < \varphi/2$ 中，可以通过整合式(2-10)得到交切观测面的圆盘平均比例：

$$\overline{P}(z,\varphi) = \frac{1}{\varphi}\int_{-\varphi/2}^{\varphi/2} P(z,\varphi)\text{d}z = \frac{\pi}{4} \tag{2-11}$$

需要强调的是该平均比例并不依赖于 φ。

考虑一个平面 P 的表面 L^2（L 为长度尺寸)，该表面中可能切割平面的直径为 φ 的裂隙属于体积 $V = \varphi L^2$。因此裂隙总数为 $\rho\varphi L^2$，迹线总数为 $\frac{\pi}{4}\rho\varphi L^2$。可以直接推导出直径分布 $h(\varphi)$ 的交叉总数，对应的迹线表面密度 Σ_{t} 可以用表面 L^2 除以该数值得到，归纳起来可以表示为

$$\Sigma_{\text{t}} = \frac{\pi}{4}\rho\int \varphi h(\varphi)\text{d}\varphi \tag{2-12}$$

3. 圆盘交叉体密度与迹线交叉面密度之间的关系

如果 $h_l(l)$ 为针的长度的概率密度，则前面的分析可以推广到计算点的表面密度 $\Sigma_{\rm p}$，表示为以下的形式：

$$\Sigma_{\rm p} = \frac{1}{2}\rho_{\rm n}\int_0^{\varphi_{\rm M}} l h_l(l){\rm d}l \tag{2-13}$$

式中，l 的极值为 0 和 φ_M。

式(2-13)可以用互斥体积简化。针的体密度 $\rho_{\rm n}$ 即交叉(切)的体密度 $\rho_{\rm I}$。引入平均针长度 $<l>$，可进一步得到：

$$\Sigma_{\rm p} = \frac{1}{2}\rho_{\rm n}\int_0^{\varphi_M} l\cdot h_l(l){\rm d}l = \frac{1}{2}\rho_{\rm I}\int_0^{\varphi_M} l\cdot h_l(l){\rm d}l = \frac{1}{2}\times\frac{1}{2}\rho^2 V_{\rm ex}\times <l> = \frac{1}{4}\rho^2 V_{\rm ex} <l> \tag{2-14}$$

通过考虑平面 P 中的弦的交切点，可以更进一步扩展。引入平面中长度为 c 的线段互斥表面

$$S_{\rm ex} = \frac{2}{\pi} <c>^2 \tag{2-15}$$

交点数目 $\Sigma_{\rm p}$ 可以参照 $\rho_{\rm I}$ 的计算直接得到。既然迹线的表面密度为 $\Sigma_{\rm t}$，一条迹线的平均交切点数为

$$N_{\rm t,I} = \Sigma_{\rm t} S_{\rm ex} \tag{2-16}$$

因此，点密度 $\Sigma_{\rm p}$ 等于弦数与每条弦的交切点的乘积的一半

$$\Sigma_{\rm p} = \frac{1}{2}\Sigma_{\rm t}^2 S_{\rm ex} \tag{2-17}$$

第二节　长度的跨维数转换

对空间随机分布的裂隙圆盘，假设其方向和直径是独立的，则可以建立裂隙三维长度(直径)分布与二维平面上观察到的迹线长度分布之间的关系(Kendall and Moran，1963；Charlaix et al.，1984；Clark et al.，1999)。若圆盘的大小分布遵循幂律，则其在一个相交平面中的痕迹也服从幂律，其指数为 $A_{2D}=A_{3D}-1$(Marrett and Allmendinger，1991；Westaway，1994；Marrett，1996；Berkowitz and Alder，1998)。同样，交切直线的理想裂隙的长度分布也服从指数幂律，其指数 $A_{1D}=A_{3D}-2$。

然而，上述的关系建立在理想的欧几里得形状，即假设裂缝系统的所有几何参数是独立和均匀的，然而这些假设在多数情况下是不正确的。因此需要从几何角度分析裂隙长度的跨维数转换(Adler and Thovert，1999)。

一、长度的跨维数联系

1. 一般假设

裂隙圆盘由其直径φ、方向$\boldsymbol{n}$(一般用裂隙平面的法线的单位矢量表示)和中心位置$\boldsymbol{p}$刻画。一般认为裂隙方向$\boldsymbol{n}$均匀随机分布且各向同性，裂隙位置$\boldsymbol{p}$均匀随机分布。

许多研究都假设裂隙直径分布服从幂次定律$h(\varphi)=\alpha\varphi^{-a}$，其中$h(\varphi)$为裂隙直径概率密度。

一般对于裂隙迹线长度来说，$1\leqslant a\leqslant 3$ (Childs et al.，1990；Main et al.，1990；Scholz and Cowie，1990；Davy，1993)。

如果裂隙直径长度假定在$\varphi_m\leqslant\varphi\leqslant\varphi_M$的范围内，那么常数$\alpha$可以表示为

$$\alpha=\frac{a-1}{\varphi_m^{1-a}-\varphi_M^{1-a}}\quad a\neq 1$$

$$\alpha=\frac{1}{\log\dfrac{\varphi_M}{\varphi_m}}\quad a=1 \tag{2-18}$$

其推导过程如下：

$$\int_{\varphi_m}^{\varphi_M}h(\varphi)\mathrm{d}\varphi=1\qquad\Rightarrow\alpha\int_{\varphi_m}^{\varphi_M}\varphi^{-a}\mathrm{d}\varphi=1\qquad\Rightarrow\alpha=\frac{1}{\int_{\varphi_m}^{\varphi_M}\varphi^{-a}\mathrm{d}\varphi}$$

$$\Rightarrow\alpha=\frac{1}{\left.\dfrac{1}{1-a}\varphi^{1-a}\right|_{\varphi_m}^{\varphi_M}}\qquad\Rightarrow\alpha=\frac{1-a}{\varphi_M^{1-a}-\varphi_m^{1-a}}$$

裂隙的平均直径表示为$<\varphi>=\int_{\varphi_m}^{\varphi_M}\alpha\varphi^{1-a}\mathrm{d}\varphi=\begin{cases}\dfrac{\alpha}{2-a}(\varphi_M^{2-a}-\varphi_m^{2-a}) & a\neq 2\\ \alpha\log\dfrac{\varphi_M}{\varphi_m} & a=2\end{cases}$，其推导过程如下：

$$<\varphi>=\int_{\varphi_m}^{\varphi_M}\alpha\varphi^{-a}\cdot\varphi\mathrm{d}\varphi=\int_{\varphi_m}^{\varphi_M}\alpha\varphi^{1-a}\mathrm{d}\varphi=\left.\frac{2}{2-a}\varphi^{2-a}\right|_{\varphi_m}^{\varphi_M}=\begin{cases}\dfrac{2}{2-a}(\varphi_M^{2-a}-\varphi_m^{2-a}) & a\neq 2\\ 2\log\dfrac{\varphi_M}{\varphi_m} & a=2\end{cases}$$

2. 长度分布

考虑给定直径为φ的圆盘，该圆盘与平面之间的交切是长度为c的弦(图 2-1)。既然圆盘总体在空间上是各向同性和均匀分布，弦到圆盘中心的距离r也是均匀分布。换句话说，若r为弦c与裂隙圆盘中心点之间的距离，值为r的随机变量R均匀分布于区间$[0,\varphi/2]$。r与c之间的关系为$4r^2=\varphi^2-c^2$。

弦长的概率密度 $g(c)$ 可以容易地根据 r 的均匀分布得到：

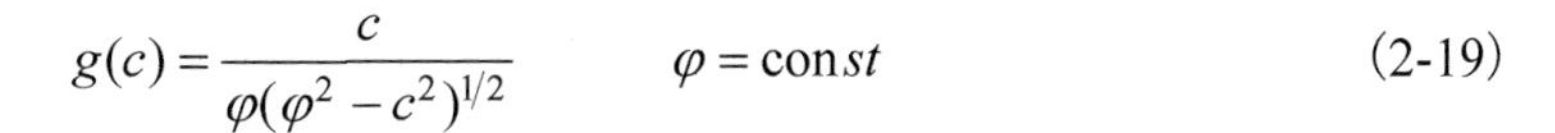

$$g(c)=\frac{c}{\varphi(\varphi^2-c^2)^{1/2}}\qquad \varphi=\mathrm{con}st \tag{2-19}$$

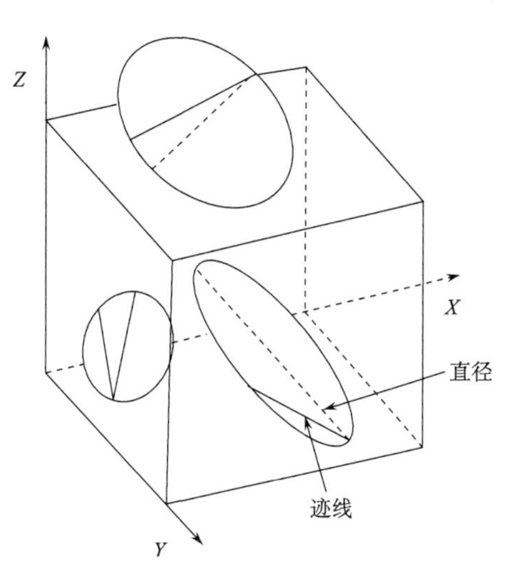

图 2-1　裂隙长度跨维数示意图

对于单分散的裂隙圆盘整体来说，根据式(2-19)及 $<l>$、$<c>$、$<\varphi>$ 之间的关系式可以得到

$$<l>=\frac{\pi}{8}\varphi=\frac{1}{2}<c> \tag{2-20}$$

弦长概率密度可以进一步扩展到概率密度为 $h(\varphi)$ 的裂隙圆盘整体。应该注意到，与平面交切的裂隙圆盘数量并不等于空间上的全部裂隙。与平面的表面 L^2 交切的直径为 φ 的裂隙总数 N_φ 等于 $\rho\varphi L^2$，交切同一表面的所有直径裂隙的总数为

$$N=\int_{\varphi_m}^{\varphi_M} N_\varphi h(\varphi)\mathrm{d}\varphi=\rho L^2<\varphi> \tag{2-21}$$

因此，与平面 P 交切的直径为 φ 的裂隙的概率密度为

$$h_p(\varphi)=\frac{N_\varphi}{N}h(\varphi)=\frac{\varphi}{<\varphi>} \tag{2-22}$$

作为一个直接的结果，弦长的概率密度 $g(c)$ 可以表示为

$$g(c)=\frac{1}{<\varphi>}\int_c^{\varphi_M}\frac{c}{(\varphi^2-c^2)^{1/2}}h(\varphi)\mathrm{d}\varphi\qquad \varphi_m\leqslant c\leqslant\varphi_M \tag{2-23}$$

$$g(c)=\frac{1}{<\varphi>}\int_{\varphi_m}^{\varphi_M}\frac{c}{(\varphi^2-c^2)^{1/2}}h(\varphi)\mathrm{d}\varphi\qquad c\leqslant\varphi_m$$

根据直径的幂次定律，假定 φ_M 是无限的，弦的概率可以表示为 $g(c)=\beta c^{-b}$，其中

$c \geqslant \varphi_m$，$\beta = \dfrac{\sqrt{\pi}}{2<\varphi>}\dfrac{\Gamma\left(\dfrac{a}{2}\right)}{\Gamma\left(\dfrac{a+1}{2}\right)}\alpha$，$b = a-1$，$a>2$。值得注意的是，长度$\varphi_m$的迹线分布服从与直径概率密度类似的指数密度，只是指数减少 1。

令$h_l(l)$代表针长度l的概率密度。通过比较 Monte Carlo 法模拟结果中的$g(c)$、$h(\varphi)$和$h_l(l)$的不同指数值a，$h_l(l)$的首要特点是短(小)针占的比例大，当指数a增大时这个特点变得更加明显，因此作为明显的后果就是大于φ_m的针比较有限。这个属性在裂隙网络传输特性上具有重要的意义。需要强调的是如其他分布一样，针的分布也不依赖于ρ。

3. 实际应用

为了方便，在实际应用中指数a一般选择三个值，分别是 0.5、1.5 和 2.5。考虑六个数量：平均裂隙圆盘直径$<\varphi>$、平均弦长$<c>$、平均针长$<l>$、裂隙圆盘的直径和弦长，以及针的概率密度$h(\varphi)$、$h(c)$、$h_l(l)$。

通过比较$<\varphi>$、$<c>$、$<l>$的值与φ_M/φ_m值的函数关系，可以看出这三组数据是正确的。首先，可以清晰地看出$<l>$的值总是小于$<c>$的值，更重要的是这两组数据之间的比值趋近于 1/2，这与在单分散的前提下得到的结果是一致的；再者，由于$<l>/<c>$的值几乎是常数，所以$<l>$的值也可能比$<\varphi>$的值大。综上可以很明显地看出，c和l的值总是小于φ的值，这样的结论在对φ、c和l分布验证时可以更好的理解。在最小的指数$a=0.5$的情况下，直径的概率密度曲线趋近于平坦，但当φ_M/φ_m为较大值时弦长概率g(c)迅速大于$h(\varphi)$的值。这种情况的发生是由于普遍认为大的裂隙圆盘相对于小的来说与平面交切的几率更大，因此$<c>$的值可能比$<\varphi>$的值大。这种影响同样出现在针的概率密度$h_l(l)$上，但是在$a=0.5$的情况下不显著。

基本上对于具有较大值的φ_M/φ_m，可以看出$<l>/<c>$值几乎是不变的，这种情况源自其概率密度的一种“妥协”的趋势；对于较大的长度λ，$g(\lambda)>h_l(l)$，对较小的长度λ反过来成立。某些情况下，$h_l(l)$显著地大于$h(\varphi)$，而$<l>$正如已经提到的那样大于$<\varphi>$。

对以上重要分布的分析可知，注意到平均弦长$<c>$近乎是平均针长$<l>$的 2 倍。此外，当大小裂隙圆盘直径之比较大时，尤其直径分布宽泛时，$<c>$的值可能远远大于圆盘的平均直径$<\varphi>$。

Berkowitz 和 Adler(1998)对$h(\varphi)$运用对数正态分布和指数分布两种方法研究得出相同的结论。

二、长度的跨维数转换

利用实际观测数据，希望能够推断裂隙直径的概率密度$h^{\exp}(\varphi)$，如前所述，假设裂隙可以用方向和位置均在空间随机均匀分布的圆盘来代表。

1. 一般情况

长度跨维数转换的核心是在 $g(c)$ 的基础上，推导 $h(\varphi)$、φ_M、φ_m 及 $<\varphi>$。Gokhale(1996)给出了以下的长度跨维数转换求解公式：

$$h^{\exp}(\varphi,\theta)=\frac{<\varphi>}{2\cos^2\theta\sin\theta}\cdot\frac{\partial^2}{\partial\varphi\partial\theta}\int_{\varphi}^{\varphi_M}\int_0^{\frac{\pi}{2}-\theta}\frac{\sin^3\alpha\cos\alpha g^{\exp}(c,\alpha)\mathrm{d}c\mathrm{d}\alpha}{(\cos^2\alpha-\sin^2\theta)^{1/2}(c^2-\varphi^2)^{1/2}} \tag{2-24}$$

平均直径 $<\varphi>$ 可以通过标准化 $h^{\exp}(\varphi,\theta)$ 到 1 而得到。Gokhale(1996)也用分析表达式给出了不同 $g^{\exp}(c,\alpha)$ 的应用实例，包括弦长和方向的关联双变量分布。对与各向同性分布的 $g^{\exp}(c)$，式(2-24)可以推导为

$$h^{\exp}(\varphi)=-\frac{2<\varphi>}{\pi}\frac{\partial}{\partial\varphi}\int_{\varphi}^{\varphi_M}\frac{g^{\exp}(c)}{(c^2-\varphi^2)^{1/2}}\mathrm{d}c \tag{2-25}$$

在特定的情况下，式(2-25)可以推导出弦长的幂次分布。

然而 $g^{\exp}(c,\alpha)$ 或 $g^{\exp}(c)$ 从来没有从实际观测中获得，实际上逆运算不得不进行数值求解。一种自然的算法就是 Berkwitz 和 Adler(1998)在各向同性的情况下使用的数值计算过程。

就实践来讲，在实际测量中总是存在一种上限截断值，一般可以简单地认为该上限值等于迹线图的长度 L。假设与迹线图的边界相交的迹线已经被移除，因此 φ_M 就等于实际观测到的最大迹线；既然当 $\varphi<\varphi_m$ 时 $h(\varphi)=0$，那么从本质上来讲 φ_m 是不相关的。

考虑 $h(\varphi)/<\varphi>$ 值的确定，若该值是已知的，$<\varphi>$ 可以容易地从概率密度的标准化条件中获得

$$\int_{\varphi_m}^{\varphi_M}\frac{h(\varphi)\mathrm{d}\varphi}{<\varphi>}=\frac{1}{<\varphi>} \tag{2-26}$$

因此，未知的 φ_M、φ_m 和 $<\varphi>$ 在估计 $h(\varphi)$ 时不产生任何特定的困难。用数学语言来说，弦概率密度公式的反演被称为第一类齐次 Volterra 公式。

根据实地裂隙迹线图的分析可以做出弦长概率密度 $g^{\exp}(c)$ 的直方图，该直方图的特点是有 N 组长度 $c_N<c_{N-1}<\cdots<c_1<\varphi_M$ 和 N 个密度值 $g(c_1),g(c_2),\cdots,g(c_N)$。

利用最简单的概率近似，假设当 $c_c<\varphi<\varphi_M$ 时 $h(\varphi)=h_1$，那么根据弦长概率密度可以得到如下公式：

$$g_1=\frac{c_1h_1}{<\varphi>}\int_{c_1}^{\varphi_M}\frac{d\varphi}{(\varphi^2-c_1^2)^{1/2}}=\frac{c_1h_1}{<\varphi>}\ln\left[\frac{\varphi_M}{c_1}+\sqrt{\left(\frac{\varphi_M}{c_1}\right)^2-1}\right] \tag{2-27}$$

在直方图上的每一组上重复上述过程，可以得到：

$$g_{c_i}=\frac{c_i}{<\varphi>}\sum_{j=1}^{i}h_jS(c_i,c_j,c_{j-1})\qquad 1\leqslant i\leqslant N \tag{2-28}$$

其中 $c_0=\varphi_M$，$S(A,B,C)=\ln\dfrac{C+\sqrt{C^2-A^2}}{B+\sqrt{B^2-A^2}}$（$A\leqslant B\leqslant C$）。

这是三角形式的公式，可以简单用下述递归循环确定一个明确的解。

$$\frac{h_i}{<\varphi>}=\frac{1}{S(c_i,c_j,c_{j-1})}\left[\frac{g(c_i)}{c_i}-\sum_{j=1}^{i-1}\frac{h_j}{<\varphi>}S(c_i,c_j,c_{j-1})\right] \tag{2-29}$$

$<\varphi>$ 可以直接从 $h(\varphi)/<\varphi>$ 值的标准化中得到，其中相关公式如下：

$$<\varphi>=\left(\sum_{j=1}^{N}\frac{h_j}{<\varphi>}(c_{j-1}-c_j)\right)^{-1} \tag{2-30}$$

以上基本解法可以解决逆问题。该解法的精度被认为是 $\max_j(c_{j-1}-c_j)/\varphi_M$ 的秩。这种解法不需要对概率密度函数 $h(\varphi)$ 的结构进行假设和限制。

根据 Bour 等(1997)对由不同尺寸的迹线综合成的裂隙圆盘总体中得到的迹线图的应用，若有可以分为 10 组的 200 条迹线，就可以进行裂隙圆盘直径的很好估计。

2. 实际应用分析

Berkowitz 和 Adler(1998)研究了裂隙的实际数据，并分析了其理论发展的框架，挑选了三幅裂隙数目较多的图像(即超过 100)并对其进行分析。

Priest 和 Hudson(1981)在未知 $h(\varphi)$ 值的情况下，运用算术运算和对数坐标分析了裂隙迹线图像的反演过程，由于 $h(\varphi)$ 是连续递减的函数并没有迹象显示最小直径，因此所用数据为一些大裂隙的常规数据。其中为了更符合这些数据的产生而将幂次定律的指数调整为 1.6，认为使用该指数分布可以描述实测迹线长度的直方图，但是否可以描述实际的迹长分布仍然未知。

通过分析实测迹线长度分布中的截断和“删节”(censored)误差，认为较大裂隙迹线对估计概率密度没有明显的影响，h_i 只取决于大于 c_i 值的迹线，因此，被截断的较小迹线对较大迹线的分布是没有影响的。

三、长度的跨维数实现

通过以上分析，裂隙长度的跨维数转换可以通过数值计算实现。

1. 参数说明

为了便于计算，裂隙长度跨维数转换中的一些关键参数可以归纳如下：

1)样本数量

研究的样本容量为 200 条裂隙，并将其分为 10 组。

2)最大最小值的确定

φ_m 的值应该大于迹线图中最短痕迹的长度，此外其值可以趋近于 0；φ_M 的值即为迹线图的长度，甚至可以略大一点。

3)确定a值的方法

(1)通过大量的文献研究得出，a的取值从经验常数 0.5、1.5 和 2.5 三个值中任选其一；

(2)根据实际测量的迹线图作出弦长概率密度$g(c)$的直方图，然后拟合$g(c)$的实验值，提取b的值，从而计算a的值。

4)确定α值的方法

(1)若已知a值，可以通过$\alpha=\dfrac{a-1}{\varphi_m^{1-a}-\varphi_M^{1-a}}\ (a\neq 1)$、$\alpha=\dfrac{1}{\log\dfrac{\varphi_M}{\varphi_m}}\ (a=1)$求解，或者通过$h(\varphi)=\alpha\varphi^{-a}$求解，其中$h(\varphi)$和$\varphi$均为实验值；

(2)根据实际测量的迹线图做出弦长概率密度$g(c)$的直方图，然后拟合$g(c)$的实验值，提取β的值，从而计算α的值。

5)确定$<\varphi>$值的方法

(1)若已知a值以及φ_M、φ_m的值，可以通过下式求解。

$$<\varphi>=\int_{\varphi_m}^{\varphi_M}\alpha\varphi^{1-a}\mathrm{d}\varphi=\begin{cases}\dfrac{\alpha}{2-a}(\varphi_M^{2-a}-\varphi_m^{2-a}) & a\neq 2\\ \alpha\log\dfrac{\varphi_M}{\varphi_m} & a=2\end{cases}\tag{2-31}$$

(2)根据实际测量的迹线图中获取每条迹线的长度及弦长概率密度，可以通过以下公式求解。

$$<\varphi>=\left(\sum_{j=1}^{N}\frac{2g(c_j)}{\sqrt{\pi}c_j}\frac{\Gamma\left(\dfrac{a+1}{2}\right)}{\Gamma\left(\dfrac{a}{2}\right)}(c_{j-1}-c_j)\right)^{-1}\tag{2-32}$$

其具体推导如下

由$h(\varphi)=\alpha\varphi^{-a}$和$g(c)=\beta c^{-b}$可得：$\dfrac{h(\varphi)}{g(c)}=\dfrac{\alpha}{\beta}\dfrac{\varphi^{-a}}{c^{-b}}$。

因为$b=a-1$，所以$\dfrac{h(\varphi)}{g(c)}=\dfrac{\alpha}{\beta}\dfrac{\varphi^{-a}}{c^{1-a}}=\dfrac{\alpha}{\beta}\dfrac{\varphi^{-a}}{c^{-a}}c^{-1}=\dfrac{\alpha}{\beta}\left(\dfrac{\varphi}{c}\right)^{-a}c^{-1}$。

因为$c\leqslant\varphi$，为了便于计算，设定$c=\varphi$，所以$\dfrac{h(\varphi)}{<\varphi>}=\dfrac{\alpha}{\beta}\dfrac{g(c)}{<\varphi>c}$。

将 $\beta = \dfrac{\sqrt{\pi}}{2<\varphi>} \dfrac{\Gamma\left(\dfrac{a}{2}\right)}{\Gamma\left(\dfrac{a+1}{2}\right)} \alpha$ 代入上式，可得

$$\frac{h(\varphi)}{<\varphi>} = \frac{2<\varphi>g(c)\alpha}{\sqrt{\pi}<\varphi>c\alpha} \frac{\Gamma\left(\dfrac{a+1}{2}\right)}{\Gamma\left(\dfrac{a}{2}\right)} = \frac{2g(c)}{\sqrt{\pi}c} \frac{\Gamma\left(\dfrac{a+1}{2}\right)}{\Gamma\left(\dfrac{a}{2}\right)}$$

因为 $c_1 \leqslant \varphi \leqslant \varphi_M, c_0 = \varphi_M$ 时 $h(\varphi) = h_1$，以此类推可得

$$<\varphi> = \left(\sum_{j=1}^{N} \frac{h_j}{<\varphi>}(c_{j-1} - c_j)\right)^{-1} = \left(\sum_{j=1}^{N} \frac{2g(c_j)}{\sqrt{\pi}c_j} \frac{\Gamma\left(\dfrac{a+1}{2}\right)}{\Gamma\left(\dfrac{a}{2}\right)}(c_{j-1} - c_j)\right)^{-1}$$

2. 技术路线

从二维的实测迹线图中获取 200 条以上的裂隙迹线数据。首先，根据其长度由大到小排列后分为若干组(如 10 组)，并作出其迹长概率密度的直方图，拟合成分布曲线(图 2-2)。

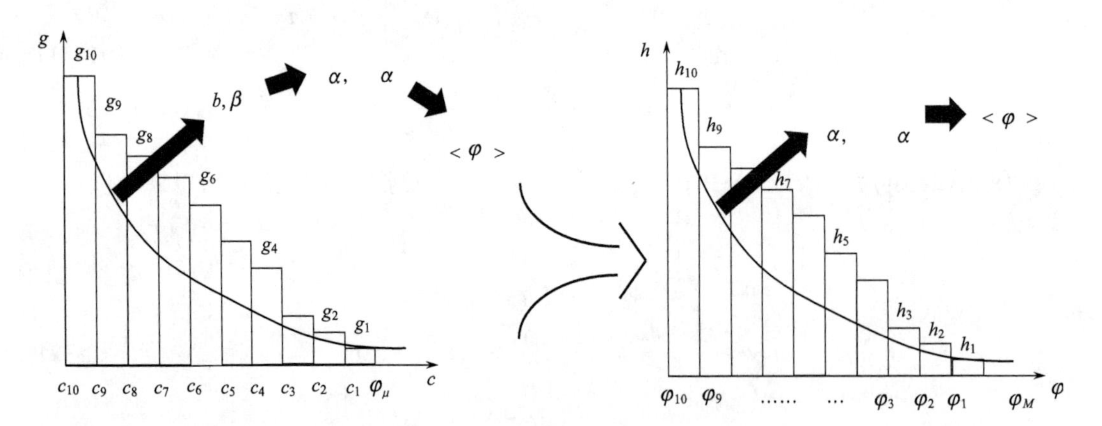

图 2-2　裂隙长度跨维数转换技术路线图

其次，从拟合的分布曲线中获取 b、β 的值，并根据经验公式推导出 a 和 α 的值，进一步确定 $<\varphi>$ 的值。

再次，根据递推公式和 $<\varphi>$、$g(c)$ 的值，推导出 $h(\varphi)$ 的分布直方图，并拟合成平滑的曲线(图 2-2 中)，然后从拟合的曲线中获取 a、α 的值，并再次确定 $<\varphi>$ 的值。

最后，将两次确定的 $<\varphi>$ 值进行对比并率定。

第三节　方向的跨维数转换

方向是方向性变量的重要属性，是方向性变量区别于其他变量的主要特征之一。因此方向的跨维数转换是实现方向性变量跨维数转换的关键方面。可以根据体视学利用岩石面裂隙迹线信息对裂隙的产状进行估计(Kemeny and Post，2003)。

一、方向的分布

Bingham(1964)和 Shanley 等(1976)论述了裂隙产状分布规律，提出产状数据是关于平均矢量的椭圆对称分布理论，并采用χ^2分布检验其有效性。Einstein 和 Beacher(1983)进一步系统地研究了节理面几何参数的分布形式，认为其服从 Fisher 分布。Dershowitz 和 Einstein(1988)比较了多种来源的实地地质数据。根据实际的地质数据，一般认为 Fisher 分布和 Bingham 分布提供了相对较佳的拟合。

Fisher 分布又称球状正态分布，类似于平面内的正态分布，属球面上的均匀分布，如果产状的平均方向与参考球面的极轴方向一致。以往的研究表明，Fisher 分布是表示裂隙方向概率密度的方法中最为简单和易于使用的。Fisher 分布函数给出从以真实平均值θ为中心的角面积 dA 中找出一个方向的单位角面积概率，其函数表示为

$$f(\varphi)=\frac{K\mathrm{e}^{K\cos(\varphi)}}{2\pi(\mathrm{e}^{K}-\mathrm{e}^{-K})} \tag{2-33}$$

这是一个关于平均方向的对称分布，其最大值在真实平均值($\theta=0$)。K 值越大，方向越集中于真实平均值。对岩石裂隙来说，典型的 K 值取值范围为 20~300。

Fisher 分布的计算机产生可以用下述公式近似估计(Priest，1993)：

$$\Delta\theta=\cos^{-1}\left[\frac{\ln(1-\mathrm{Random}(0,1))}{K}+1\right] \tag{2-34}$$

式中，$\Delta\theta$为与平均值的角度差；Random(0，1)为 0~1 的均匀随机数。为了确定新的倾角和倾角方向(走向)，$\Delta\theta$必须围绕平均值旋转一个 1~2π 的任意角。

二、方向的跨维数关系

令裂隙平面的走向和倾向为(α_j,β_j)，岩石剖面的走向和倾向为(α_f,β_f)，夹角θ_t为迹线与水平面的形成的锐角。垂直于节理平面(j 向量)和岩石剖面(f 向量)的法线坐标可以表示为

$$\begin{aligned}(j_x,j_y,j_z)&=(\sin\beta_j\sin\alpha_j,\sin\beta_j\cos\alpha_j,\cos\beta_j)\\(f_x,f_y,f_z)&=(\sin\beta_f\sin\alpha_f,\sin\beta_f\cos\alpha_f,\cos\beta_f)\end{aligned} \tag{2-35}$$

迹线矢量是 j 矢量与 f 矢量的叉乘，可以表示为

$$(t_x,t_y,t_z)=(f_yj_z-f_zj_y,f_zj_x-f_xj_z,f_xj_y-f_yj_x) \tag{2-36}$$

裂隙走向的单位矢量可以表示为

$$(s_x, s_y, s_z) = (\cos\alpha_f, \sin\alpha_f, 0) \tag{2-37}$$

岩石剖面的迹线角可以用 s 矢量与 t 矢量的点乘来确定，表示为

$$\theta_t = \cos^{-1}\left[\frac{s_x t_x + s_y t_y + s_z t_z}{\sqrt{t_x^2 + t_y^2 + t_z^2}}\right] \tag{2-38}$$

θ_t 是迹线矢量与岩石剖面中走向平行的水平线之间的锐夹角。该角度并非岩石面上迹线角的唯一度量值，而扫射角 θ_{rake} 是迹线角的唯一度量值。扫射角是岩石剖面中的迹线从水平开始的顺时针角。扫射角可由迹线矢量的 z 分量决定：

若 $t_z > 0$，则 $\theta_{\text{rake}} = \theta_t$；否则 $\theta_{\text{rake}} = 180° - \theta_t$。

三、方向的跨维数转换

为了求出方向性变量的最优解，可以在上述数据的基础上，利用优化或智能化算法进行求解，如蚁群算法(Ant Colony Dptimization，ACO)、遗传算法(Genetic Algorithm，GA)、差分进化算法(Differentinul Evolution，DE)、模拟退火算法(Simulated Annealing，SA)、禁忌搜索(Tabu Search，TS)、神经网络(Neural Networks，NN)、粒子群优化算法(Particle Swarm Optimization，PSO)、免疫算法(Immune Algorithm，IA)等。这类算法虽然不能保证在有限的时间内获得最优解，但选择充分多个解验证后，错误概率可降到可以接受的程度。

1. 差分进化算法

差分进化算法(DE)对逆问题求解就可以得到裂隙的倾向和倾角。根据相应数据，DE 可以找到若干组接近于实测裂隙痕迹方向角分布的 K 值，以及平均倾向、平均倾角，此时利用误差方程对其进行误差检验，筛选出误差最小的一组数据。

$$\text{Error}(\mu_T, \sigma_T, \theta_T) = A\frac{(\mu_I - \mu_T)^2}{C_\mu} + B\frac{(\sigma_I - \sigma_T)^2}{C_\sigma} + C\frac{(\theta_I - \theta_T)^2}{C_\theta} \tag{2-39}$$

式中，下标 I 为二维图像中痕迹方向角分布的参数；下标 T 为由 DE 产生的参数；μ、σ、θ 分别为平均值、标准差及歪斜度；C_μ、C_σ、C_θ 表示相应权重；A、B、C 为常数。

2. 遗传算法

遗传算法由 Holland 于 1973 年提出，模拟生物界自然选择和遗传机制进行随机搜索。遗传算法是一种比较通用的优化算法，编码技术和遗传操作比较简单，主要操作有选择、交叉和变异，由以下基本步骤组成。

(1) 设计向量编码：遗传算法不直接处理解空间数据，需通过编码将解空间中的设计向量转化为遗传空间中的基因串，通过遗传算法改变基因串的结构以达到搜索解空间最优解的目的，常用的编码形式为二进制编码、浮点编码等。

(2) 生成初始母体群：遗传算法是群体操作算法，随机生成 n 个基因串(每个基因串对应解空间的一个设计向量)，以此作为迭代搜索的初始点。

(3)适应度计算：适应度是反映基因串对环境的适应能力，遗传算法一般不需要其他信息，仅通过适应度来评价群体中的两个体的优劣，适应度越大，个体的遗传基因越优，反之遗传基因较劣。

(4)对群体基因串进行遗传算子操作，产生新一代群体基因串遗传算法，主要由选择、交叉、变异三种算子组成，选择的目的是从群体基因串中选择遗传基因优良的基因串作为遗传父代，交叉运算的目的是产生子代基因串，变异的目的是为产生新的基因串提供机会。

通过上述三种遗传运算操作形成新一代(子代)群体基因串，如此反复迭代遗传直到搜索到最优解。

遗传算法的优点是将问题参数编码成染色体后进行优化，而不针对参数本身，从而不受函数约束条件的限制；搜索过程从问题解的一个集合开始，而不是单个个体，具有隐含并行搜索的特性，可大大减少陷入局部最小的可能。其主要缺点是对于结构复杂的组合优化问题，搜索空间大，搜索时间比较长，往往会出现早熟收敛的情况；对初始种群很敏感，初始种群的选择常常直接影响解的质量和算法效率。

3. 模拟退火算法

模拟退火法由 Kirkpatrick 等(1983)提出，解向量 X 和目标函数 $F(X)$ 分别对应退火过程一个固体微观状态 i 和相应的能量 E，随着算法进程递减其值的控制参数 C 对应于退火过程的温度，在某一控制参数 C 值下，算法所进行的“产生新解—判断—接受或放弃”的迭代过程，相对应固体在某一恒温下趋于热平衡的过程。通过若干次迭代变换后求出最优解和目标函数。其求解步骤如下：

(1)设定初始解 $X = X_0$ 和初始控制参数 $C = C_0$；

(2)随机产生新 X'；

(3)计算转移概率 $p(X' \geqslant X)=\begin{cases} 1 & f(X')\leqslant f(X) \\ \exp((-(f(X')-f(X)))/c) & f(X')>f(X) \end{cases}$；

(4)判断接受或放弃新解 X'，当 $p(X' \geqslant X) > r$，接受 X' 为新解，否则放弃为新解；

(5)判断终止条件，满足条件则停止迭代，否则转向(2)。

迭代搜索过程以 Boltzmann 分布概率接受目标函数的“劣化解”，所以模拟退火算法突出地具有脱离局域最优陷阱的能力，而且具有高效、稳健、通用、灵活的优点。但在执行过程中所遇到的一个关键问题是冷却进度表的适当选择。大多学者采用人工方式构造若干个冷却进度表；然后从中选择最好的一个。初始温度和冷却度或固定不变或依赖于问题数据。

第三章　方向性变量的跨尺度联系

跨尺度联系是本书的另一个重要内容，是充分开发利用易于获取的大尺度、小尺度观察资料的关键。自然界中方向性变量的空间分布在多数情况下都具有很好的尺度不变性，或统计自相似性。根据这种尺度不变性，应用分形理论，可以归纳总结方向性变量多种属性分布(长度、密度、丛聚、空间相关、数目等)的跨尺度规律。

早期的研究工作涉及从岩心，到露头，再到航拍照片和卫星图像等各个不同尺度的范围。最近，在标度律能提供统计预测的期望下，相互联系的不同尺度上的裂隙属性(即尺度属性)方面的研究日益受到重视。在地震危险性评价方面，主要是预测大地震发生概率的有效性。在油气行业中，从地震反演的断层来看，对显著影响储层和岩盖质量的亚地震波压裂性质，表度律可以进行较好的预测。在地下水应用方面，污染物运移对裂隙系统的性质和尺度特别敏感。

最近的研究表明，从单一地层到整个地壳的岩层，可以在裂隙属性中反映和影响单个标度律有效的尺度范围。裂隙尺度研究遍及许多领域，包括地质、地球物理、物理、应用数学、工程领域等。

第一节　尺度不变性

在理论上，尺度是广泛应用的一个概念，在不同的学科中有不同的含义；在实践中，尺度在自然界广泛存在，不同的事物经常表现出尺度联系性、自相似性或不变性(图 3-1)。

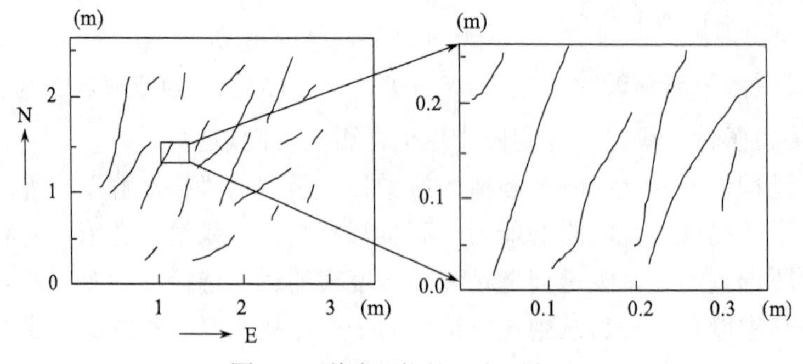

图 3-1　裂隙网络的尺度不变性

一、尺度的概念

1. 尺度的定义

关于“尺度”的概念有不同的理解，如时空尺度、组织尺度、功能尺度等概念(胡最、闫浩文，2006)，以及适宜尺度、属性尺度、分辨率尺度等概念。一般传统认为，“尺度”通常是指研究对象或现象在空间上或时间上的量度，即空间尺度与时间尺度。现在普遍认为，尺度不但指研究对象或现象的时空尺度，还包括数据的精度或分辨率，即数据表达属性的精细程度。

“尺度”存在的根源在于地球表层自然界的等级组织性和复杂性，是自然界所固有的特征或规律，能被人类所感知的一种客观现象。然而也表明，在使用尺度律时必须谨慎，且必须以决定其有效性的物理影响为前提。“尺度”又可分为测量尺度与本征尺度。测量尺度是用来测量过程和现象的，是人类的一种感知尺度，随感知能力的发展而发展。本征尺度是自然现象固有而独立于人类控制之外的。只有测量尺度与本征尺度相匹配时，通过测量尺度才能揭示和把握本征尺度中的规律性，从而为尺度转换奠定基础。

2. 尺度的范围

一般来说，不同的研究由于侧重点的不同对尺度范围的理解会有不同的认识，本书关于裂隙的大、中、小尺度理解如下：

大尺度包括大的断层，与地球动力学有关，特别是与地震的发生有密切关系。大尺度裂隙的观察一般需要地质填图连接、卫星遥感图像解译等。大尺度岩石断裂性质的研究，如断裂及沿断裂面滑动的研究，已经成为滑坡等地质灾害和地震过程研究的重要内容。

中尺度包括中型断层，以及岩石中的节理、解理等层面，一般为 10^0~10^3m，往往是决定岩石或岩体强度最主要的因素。中尺度裂隙的观察一般是通过手工标本和岩石露头进行观察。中尺度裂隙是决定岩石或岩体强度的重要因素，断裂后产生的断裂面的力学性状，对工程或开挖的稳定性有重要影响。

小尺度包括小型断层及微型的裂纹，一般为 10^{-7}~10^{-1}m，与矿物颗粒大小有关，对岩石的输运特性有着关键的影响。微尺度裂隙的观察一般需要用显微镜和旋转台。小尺度裂隙形成的裂纹网络是岩石中液体输运的通道。许多矿产的形成，正是各种化学元素沿这些通道富集的过程，对于石油、天然气、地热开采等十分重要。

二、尺度相似性

不同尺度中的裂隙(如节理、断裂和断层)是在共同的地质背景下形成的，表现出明显的尺度相似性，是岩体不同于岩块的本质特征。断裂和断层可以看作节理的放大。

很多学者已经确认了不同岩石和结构情况下裂隙系统的尺度不变性(Barton and Larsen，1985；LaPointe，1988；Hirata，1989；Matsumoto et al.，1992)。研究表明，从微观的晶粒尺度到宏观的地壳断裂尺度岩体结构都表现出分形特性。断裂破碎带、岩体结构参数(迹长、隙宽、间距、密度等)及岩体破裂网络均具有分形特征。岩石断裂的微观形式主要表现为沿晶断裂、穿晶断裂及其耦合形式。

实际上，很难根据有限的数量、位置、尺度上的样本数据获得裂隙系统的整体面貌。近年来，“分形”一词已被广泛用来描述任何遵循幂律分布的裂隙特征，如长度、位移和隙宽。King(1983)和 Turcotte(1986，1992)提出了一个碎片的简单理论模型(物理学中普遍称为 Appolonian 模型)，产生裂隙长度的幂律分布。许多学者得出结论，若裂隙长度服从幂律分布，则裂隙网络为分形。事实上，分形一般只用于描述裂隙的空间分布(Manderlbrot，1982)。分形网络意味着裂隙的空间相关性和组织性可以通过分数维量化，且独立于裂隙其他属性的分布。反之相反，即使裂隙的其他属性，如长度或位移，服从幂次律分布，裂隙也可能在空间随机分布(即非分形的)(Bour and Davy，1997)。一些研究分析了裂隙网络的长度和空间分布(Davy et al.，1990，1992；Sornette et al.，1993)。Bour 和 Davy(1999)表明分维 D 和长度指数 a 之间的关系式为

$$D=(a-1)/x \tag{3-1}$$

式中，x 为指数，与裂隙重心到其最近较大裂隙长度的平均距离有关。King(1983)和 Turcotte(1986)的 $a=D+1$ 碎裂模型对应于 $x=1$ 的特定情形，是自相似系统。

许多文献都尝试用分形几何来解明裂隙网络的尺度律(Davy et al.，1992；Dawers et al.，1993；Watterson et al.，1996；Koike et al.，1999；Bonnet et al.，2001)，但是这些研究均在广义范围内处理长度分布，而对于裂隙位置表现出的空间丛聚特征需要考虑其空间相关性。地质统计学可以刻画这种结构，即不同位置的区域化变量之间的空间依存性，并被应用在裂隙空间分布的建模中(Long and Billaux，1987；Chiles，1988)，其中裂隙的密度、外观模式、方向被认为是相互独立的。

第二节　分维的测量

虽然分形维数并不能完全刻画裂隙网络的几何形态，但目前为止分维仍是研究裂隙跨尺度联系性的主要工具，根据不同的研究目的和侧重点，其测量有多种方法。

一、分维的定义

分形是近年来发展起来的一种理论，用于描述自然界普遍存在的部分与整体相似的现象。所谓的自相似是指某种结构或过程的特征从不同的空间尺度或时间尺度来量测都是相似的，或者某系统或结构的局域性质或局域结构与整体类似。

曼德勃罗特(Mandelbrot)于 1982 年提出了用数学语言表达的分形的定义：如果一个集合在欧氏空间中的豪斯道夫(Hausdorff)维数 D_{H} 大于其拓扑维数 D_{T}，即 $D_{\mathrm{H}} > D_{\mathrm{T}}$，则该集合称为分形集，简称为分形。

分维是确定分形类型模式的主要参数之一，其测定是尺度联系研究的重要内容之一。分维的测定方法有很多种(Mandelbrot et al.，1983；Turcotte，1992)，但没有哪一种方法能够解决所有的分维数测定问题，每种方法都有其适用的范围，概括起来分维的测量方法主要有变化测量尺度法、测度关系法、相关函数法、分布函数法、频谱法、重正化群法等。

二、盒计数法

分形的经典定义是覆盖空间 R^d 内的分形对象所需的特征尺寸尺度为 r 的(维数 d 值

分别等于 1、2 或 3）线段、圆盘、或球体数目 $N(r)$。目前多用盒方法计算（Mandelbrot，1985；Barton and Larsen，1985；Barton，1995），其计算与覆盖裂隙网络所需的盒子数目 $N(r)$ 和盒子大小 r 有关，一般用下式表示（图 3-2）：

$$N(r) \sim r^{-D} \tag{3-2}$$

式中，D 为分形维数；$N(r)$ 为分形对象的长度、表面积或体积的估计。

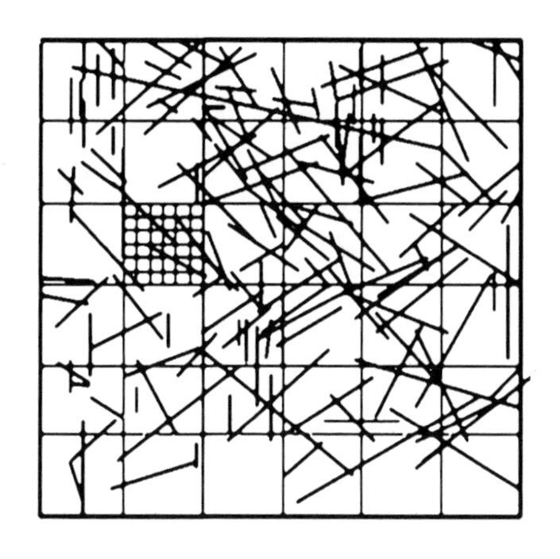

图 3-2　裂隙网络维数的盒计数法

在实践中，裂隙模式的总体被定义为覆盖对象的尺寸为 r 的盒子数目 $N(r)$ 随下式变化：

$$N(r) \approx r^{-D} \tag{3-3}$$

因此，通过作 $N(r)$ 与 r 双对数图，分维数 D 可以由直线的斜率得到。这种方法已被广泛用来测量裂隙网络的分形维数。

裂隙网络首先被边长为 r 的规则方形网格覆盖，测量每个方格中裂隙总长度 $L_i(r)$。然后概率 $p_i(r)$ 被定义为

$$p_i(r) = \frac{L_i(r)}{\sum_1^n L_i(r)} \tag{3-4}$$

其中总和的计算要覆盖所有的盒子，并简单给出了所有裂隙的累积总长度。

三、两点函数法

为研究裂隙集的分形维数，另一个有用的方法是两点相关函数法，它描述裂隙的空间相关性（图 3-3）。两点相关函数给出了两点属于相同的结构的概率，定义为

$$C_2(r) = \frac{1}{N^2} N_d(r) \tag{3-5}$$

式中，N 为点的总数；N_d 为点对的数量，其间分割距离小于 r（Hentschel and Procaccia，1983）。点的分形总体，$C_2(r)$ 被认为尺度 r 的形式 rD_c，其中 D_c 是系统的相关维数。这

种技术可以应用于描述裂隙重心的空间分布，重心被定义为裂隙痕迹的中点(Davy et al.，1990；Sornette et al.，1993；Bour and Davy，1999)。

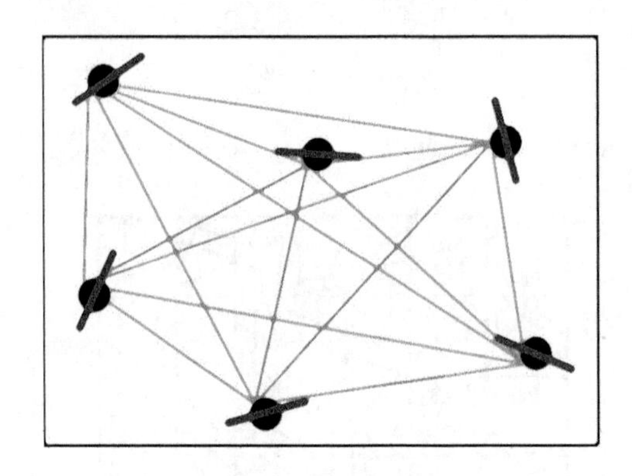

图 3-3　裂隙网络维数的两点函数法

一些研究(Gillespie et al.，1993；Walsh and Watterson，1993；Brooks et al.，1996；Ouillon et al.，1996；Bour，1997；Berkowitz and Hadad，1997)已经检验了测量裂隙分形维数不同技术的实用性。利用盒计数法，有些研究者发现可以从自然裂隙模式合成随机分布的裂缝网络(Odling，1992；Ouillon et al.，1996；Hamburger et al.，1996；Bour，1997；Berkowitz and Hadad，1997)。Odling(1992)、Berkowitz 和 Hadad(1997)通过维数 1 和 2 之间存在交叉区域解释了这样的结果；实际上，这些模式是非分形的。然而，由于该方法的应用中的一些偏差和误区，一个明显的维数推导也很容易实现(Walsh and Watterson，1993；Ouillon et al.，1996；Hamburger et al.，1996；Bour，1997)。Bour(1997)表明两点相关函数法比盒计数法可以更好地从纯粹的随机模式中区分。

第三节　指数的估计

许多研究都表明，裂隙网络是分形的，除了极少数例外。分形维数的估计，多数使用的是标准的盒计数(box-counting)方法或其改进，还有一些使用的是两点相关函数法。

一、指数的估计

在实践中，标度律指数和分形维数的估计首先假设幂次律的统计在一定的尺度范围内有效，然后用一条直线拟合双对数图中的比例。指数或分形维数的估计精度取决于初始假设的有效性、初始总体样本的大小、双对数图中点的数量、点的测量误差。

1. 样本数量

任何统计中的数据量都对确定分布类型及其参数至关重要。所使用的数据需要注意两个方面，一是该样本应该足够大，能作为统计上可以接受的样本总体代表，二是频率图上应有足够的点数可以很好地拟合理论分布。此外，普遍认为良好的幂律分布估计需要 2~3 个数量级以上样本。

Warburton(1980)总结后认为 209 痕迹还不能够满足一个完整的体视学分析。Berkowitz 和 Adler(1998)使用相同的分析方法，发现“简单”情况(固定裂隙的大小)下的下限是 100，但对于更实际的情况需要更多的裂隙迹线。Childs 等(1990)应用多扫描线测量位移数据测试了他们的方法对数据数量的稳健性，发现幂次律定义的线段可以减少到 137 个测量样品。

所需样本裂隙数目取决于指数 a，a 值越大，图形越陡，一定尺度范围内确定指数所需的裂隙数目越大。不过普遍接受的规则是，定义在 2~3 个数量级上的指数很少见到。虽然裂隙取样可能超过 2 个数量级，实际上截断和有限尺寸效应意味着指数的确定经常是在 1 个数量级上。经常有严重问题，使得在扩展样本裂隙范围时不能充分满足上述要求。因此在实践中一般认为至少应使用 200 个裂隙样本来确定长度幂次律分布的指数。

2. 指数扩展

扩展指数确定的尺度范围的方法之一就是在不同的尺度和分辨率上测定同一裂隙系统(Scholz et al.，1993；Castaing et al.，1996；Line et al.，1997；Odling，1997)，能够把确定长度分布指数的尺度范围扩展到 4~5 个数量级。

在进行扩展指数的尺度范围时，必须注意自然发生的任何标度律的上、下限可能随裂隙的类型(节理、断层)、变形机制的变化而变化。Ouillon 等(1996)在研究中发现，裂隙长度的尺度受到从底板到脆性地壳厚度等不同尺度范围的地层影响。Odling(1997)发现，2 个数量级范围内的节理长度分布具有 1m 左右的自然下限截止。

Davy 等(1990，1992)表明区间 $[L, L+\mathrm{d}L]$ 内裂隙的数目以指数 D 与测量区的尺寸成比例关系，其中 D 是分形维数。

3. 估计方法

分形维数往往使用少数数据点推导(Gonzato et al.，1998)，其部分原因就是盒维数的广泛使用，盒子大小逐渐细分的影响因素为 2。这种方案在 2 个数量级的尺度范围内只能产生少数点。然而，如果用不同技术在对数尺度范围内进行规则取样，则可能产生更多的点(Walsh and Watterson，1993)。

在估计裂隙长度、位移、隙宽的分形维数和幂律分布时，对于相关系数和方差引起的误差，经常用最小二乘法来拟合图形的直线。根据研究，相关系数一般大于 0.97，标准偏差小于 0.05。这种看似很高的精度水平，经常用来验证幂律或分形模型。

然而，最小二乘法开始就假设直线是该趋势的合适模型，如果只用几个点，定义一个光滑、缓和的曲线，可以很容易地表明非分形数据集可导致看似精确的结果。这种虚假的统计显著性在使用累积分布时更加恶化。在这种情况下，获得的指数值是毫无意义的，完全取决于点的尺度范围。因此，运用最小二乘法确定指数之前，重要的是测试直线是否是趋于一个良好的模型。

从双对数图上估计幂次律指数和分形维数的有用方法之一就是观察图形的局部斜

率。该方法提供了一个使用回归拟合直线的尺度范围，也提供了一种指数估计有效性的检验。如果局部斜率没有呈现显著的平台，则幂次律特征不能表达，不能确定有意义的指数。局部斜率函数也提供了一种指数估计中的不确定性的估计，但在裂隙网络分析中应用很少。

此外，对确定趋势最佳模型的问题，最小二乘法估计误差不包括在数据点本身的误差，从而造成高精度的假象。分析中的平均值计算(如半径为 r 的圆盘中包含的裂隙平均数量)，每个数据点的标准偏差可以很容易地计算半径为 r 的函数。但是简单的计数(如覆盖网络所需盒子数或长度区间内的裂隙数)，没有直接方法来估算数据点的误差。因此，数据点本身的不确定性影响，往往被忽视。

目前已有一些关于盒子计数法灵敏度的测试。Odling(1992)比较了自然模式产生的结果和具有相同长度和方向分布，但在空间随机分布的组合裂隙网络产生的结果，发现只有轻微的差异，两组数据都显示了一维(单个裂隙的位数)和二维(拓扑位数)的交叉。

取样区域形状的变化(可以是出露有限的露头的复杂性)会强烈影响用盒子计数法得到的结果。利用 Odling(1992)的简单测试法，Bour 等(1997)测试了使用多个裂隙网络(节理和断层系统)确定不同分数维的方法，得到结论认为两点相关函数是唯一能正确区分随机和分形分布的方法。

4. 经验归纳

根据以上资料，可以归纳出估计裂隙幂律指数和分形维数一些简单结论。对于幂律指数，应该收集约 200 条裂隙或更多。密度和累积分布都应作图以便比较，Davy(1993)的方法可以用来为密度分布选择一个合适的区间大小。对于分形维数，确保分析产生足够数量的图上的点。

对于幂律指数，应用密度分布识别截断终止，应用由 Odling(1997)、Clark 等(1999)、Bour 和 Davy(1999)所述的方法校正抽样效应。此外，可以用 Pickering 等(1995)的方法修正有限尺寸效应。

绘制图形的局部斜率，并用此来确定尺度范围或趋势能被近似为一条直线的范围。对于幂律指数，绘制密度和累积分布的局部斜率，应该相差 1。如果能够识别一个斜率可视为常数的尺度范围，该范围内的点就可以用线性回归等统计方法拟合为一条直线。

二、指数的特点

1. 指数范围宽泛

许多研究探讨了不同尺度上裂隙网络的分形性质，给出的分形维数值广泛覆盖了从 1 到 2 的理论上可能的范围。有两个可能的原因导致了实际研究中发现的分形维数的变动，一是方法的不正确使用，或是用于研究的样本裂隙数量不足；二是分形维数的变动是真实存在的，它反映了地表下的物理过程。

Gillespie 等(1993)曾使用 box-counting 技术对断层和节理数据集进行了研究，说明了随着盒尺寸的增加，曲线图的斜率如何从 1 到 2 的逐渐演变，代表了单个裂隙(一维)和图(二维)的拓扑维数之间的交叉。对于其他的自然裂隙网络，类似的结果已被发现(Chiles，1988；Odling，1992)，并推断出 box-counting 方法对区分自然裂隙网络和随机分布不够敏感。断层网络分形维数的其他估计值包括：日本和菲律宾的活动断层网络是 0.85~1.4(Matsumoto et al.，1992)，意大利亚平宁山脉中央的断层排列(>635m)是 1.64(Cello，1997)。在维度 1.4~1.5 的不同尺度上，LaPointe(1988)运用一种改进的三维盒子计数方法，测量了二维露头图的分形维数，获得了 2.4~2.7 的维度。Gauthier 和 Lake(1993)也使用这个方法，发现了北海断层的不同方向裂隙集(三维地震数据)由 2.15~2.46 的维度。

大量研究表明，分形维数包含了 1.0~2.0 这个理论上的可能范围(还不包括大于 2.0，或低于 1.0 的研究结果)。从分形维数的分布来看，主要集中在 1.5 和 2.0 附近。维度 2.0 的裂缝隙网络不是分形，所以分形维数群聚在 1.5 附近。目前尚不清楚的是这是否代表一个真正的分形维数，还是只是分析技术的应用出了问题。根据既有的进行分形分析的图的尺寸，表明节理源于露头图(1~100m)的尺度范围，而断层源于区域图、空中拍摄的照片和卫星图像(1~100km)的尺度范围。

关于断裂网络的多重分形只有少数的研究。Ouillon 等(1996)在不同规模上分析了几种来自沙特阿拉伯沉积覆盖层的节理和裂隙网络。分辨率最高的数据集被发现是没有分形，但对于低分辨率图(断层)，广义维度 D_q 从 2 变到 1.6 是因为 q 从 0 演变到 5。Agterberg 等(1996)在一个断层数据集的广义维度上获得了类似的变化。Berkowitz 和 Hadad(1997)测试了 Barton(1995)的 17 个断层图的多重分形，却发现他们的检测结果与那些已知的不是分形的合成数据集没什么区别。一般情况下，多重分形的测量方法涉及对一种物理分布的研究或对其他几何支持的数量研究(Feder，1988)。在裂隙网络的情况下，这种方法已被主要用于描述几何本身，可以解释广义维度 D_q 的较低变化。

对于一维裂隙的尺度分析，经常使用的是康托尘法(cantor dust)或间隔计数方法(与二维盒子计数技术相对应的一维方法)，以及空间间隔法。康托尘法已经应用到由厘米尺度到千米尺度的断层数据集，得出的维数大体上约等于 0.3。理论上，对于一个断层数据集，大于 s 的间距的累积数应采用公式 $C(s)\approx s-D$，这里 D 是一个分形维数，而随机的间距将导致一个负指数的分布(Brooks et al.，1996；Genter and Castaing，1997；Genter et al.，1997；Odling et al.，1999)，Kolmogorov 过程将产生一个对数正态的频率分布(Harris et al.，1991)。使用这种方法，Gillespie 等(1992)发现节理网络不是分形的，而断层网络的维度往往处在 0.4~1.0。但是 Ouillon 等(1996)使用同一种方法分析了大约 600 个节理的横断面，发现了指数为 0.5 的幂律。

2. 指数估计影响因素多

在用裂隙属性数据估计裂隙幂律指数时，特别是在常用的累计分布的情况下，存在许多问题，被认为会增加估计指数的不确定性，可能高达±0.5。

Barton(1995)在不同尺度上分析了 17 种裂隙网络图，初步分析获得了从 1.12~1.16

的分形维数。在改变裂隙网络覆盖单元的大小后，发现了范围从 1.5~1.9 的分形维数。进而通过使用大规模数量的单元尺寸(而不是 2 倍)，得到了 1.38~1.52 的分形维数(Barton，1995)。Berkowitz 和 Scher(1997)为了避免不规则边界问题修剪了 Barton(1995)的 17 张图，用 box-counting 方法再次分析了 17 张图，获得了从 1.71~1.98 的分形维数。这些指数的估计值(1.12~1.98)几乎覆盖了理论可能值的整个范围。在 17 张图中获得的 1.3~1.7 的最终结果，表明随着每个相继裂隙产生的增加，分形维数有所增加。然而，可以看出获得的分形维数的估计值和样品中裂隙的数量间存在一种正相关性，这个正相关性直到达到一定的密度值之后，估计值便稳定了。这种影响很可能意味着从不太稠密的裂隙网络中取样时，样品数目不充足。

Okubo 和 Aki(1987)使用 box-counting 方法研究了圣安地列斯断层周围 30km 宽的地带内的断层网络，获得了 1.12 和 1.43 的裂隙维数。Bour 和 Davy(1999)在有 3499 个断层的断层网络的南部使用两点相关函数，获得了 1.65 的分形维数，该维数由近 2 个数量级以上的局部斜率的变化所定义。这三个结果显示了如何在同一个对象上获得不同的结果取决于观察的规模、所使用的方法及分形维数的类型。

3. 指数表现出收敛性

裂隙网络的尺度指数经常表现出一定的收敛性，趋向某一指数值发展，直到集中到某一值附近，且这种收敛性看似与物理机理没有什么太大的关系。

节理和断层在不同类型的应力系统下形成，它们常常用几何学进行区分，因为节理的空间组织通常比断层更均匀。因此可以预料它们将显示不同的长度指数。但是，从指数曲线可以看出，两者没有明显区别，节理和断层系统都显示了覆盖整个范围的指数。大量的文献资料表明，长度分布指数似乎对裂隙类型不敏感。但是，在幂律常数 α 与指数 a 进行比较的曲线上，节理和断层系统似乎形成了分离的趋势。因为 α 代表裂隙密度，这表明对于给定的指数，节理网络往往比断层网络更密集。

关于裂隙网络生长的物理实验和数值模拟表明，虽然裂隙网络的发展速率取决于很多因素，如材质属性、结构和岩石的含水量，但随着所受的压力越来越大，裂隙网络发展的幂律指数接近 2.0。这与裂缝网络的普适性概念是一致的，即随着网络成熟度的增加，幂律指数收敛于 2.0。但实际研究中得到的幂律指数显示了一个宽泛的取值范围，为 1.7~2.75。实验和数据模拟的结果可能表明自然系统显示了一系列成熟状态，但是在目前仍没有测量自然系统成熟度的独立方式。

裂隙二维位移和隙宽的数据集比裂隙长度的要少得多。这些指数往往比长度指数覆盖范围稍窄，但集中在接近 2.0 的同一个平均值处。这些关系中的指数并不是唯一的，存在一个从超线性到次线性的范围，因此在对裂隙网络的完整特性进行描述时需要对所有属性进行独立分析。

三、指数估计的精确性

从 Barton(1995)的研究中可以清楚地看出，存在一个与分形维度估计有关的不可忽视的问题。必须达到、能确保精确估计的主要条件是网络必须包含充足数量的裂隙，以及用于维度估计的尺度范围应该显示出一个通常的局部斜率的常数值。

对于大多数的研究，由于实际中数据能够搜集的尺度范围的限制，分形维数是在只有一个数量级的尺度范围中推导出来的。可以通过积分期望最小和最大裂隙之间的密度分布，来简单估计应该的裂隙取样数目。通过这种方式，可以计算出当 D=1.7 时，对三个数量级的分形维数进行估计的尺度范围需要超过 100000 的裂隙，这在实际中显然是不可能的。一种克服这个难题的方式是在不同尺度上测量同一个地方的裂隙网络。但是，应该如何连接在不同规模上得到的测量数据方面，仍存在尚未解决的问题。

盒子计数方法应谨慎使用，因为它不能区分天然裂隙系统和空间随机模式。但是，使用盒子计数方法估计出的断层迹线的尺度特性，似乎与通过对断层重心使用两点相关函数得到的估计值有系统性的不同(Davy et al.，1990；Bour and Davy，1999)。

四、长度指数的估计

根据前面的分析，既然裂隙的长度与裂隙的其他属性之间存在较多的联系，因此重点研究裂隙长度的跨尺度联系，可以为裂隙属性和网络的跨尺度联系提供很好的支撑。

长度的幂律分布由指数 a 和常数 α 进行定义。常数 a 反映了裂隙网络的密度：

$$N_F = \int_{l_{\min}}^{l_{\max}} n(l,R)\mathrm{d}l = \int_{l_{\min}}^{l_{\max}} \alpha l^{-a} R^2 \mathrm{d}l \tag{3-6}$$

式中，N_F 为单位面积内的裂隙数；R 为系统的尺度。

计算积分，并忽视的积分上限相关的术语，假定 $a>1$，则有

$$N_F = \frac{\alpha}{a-1}(l_{\min}^{1-a} R^2) \tag{3-7}$$

式中，$l_{\min}$ 实际中对应于截断长度 l_{trunc}。进而可以估算 $\alpha = \dfrac{N_F(a-1)}{R^2 l_{\text{trunc}}^{1-a}}$。

关于裂隙长度分布的指数方面的研究有很多(Yielding et al.，1992；Scholz et al.，1993；Castaing et al.，1996；Line et al.，1997；Odling，1997)。一般来说，对于确定长度分布指数应该的尺度范围的下限(截断长度)，不存在真正的客观方法。截断长度与测量区域尺寸之间在 12 个数量级上呈现出整体线性关系。

既有的裂隙长度的研究覆盖了从数厘米尺度到百千米尺度的范围，然而大部分值位于 102~105m 的范围，相当于地震调查的典型尺度。大部分的指数是从断层网络得出的，节理和矿脉网络的相对较少。从断层网络得到的指数遍布所有的尺度范围，而节理网络的研究多数在露头尺度。指数显示在 0.8~3.5 分布很分散，没有明显依赖于观察的尺度。据统计，70%的指数位于 1.7~2.75 的范围内，多集中于 2.0。对于不同的裂隙类型(矿脉、节理和断层)，没有显著的趋势可以区分。

根据既有的研究，没有显著趋势表明 α 是独立于观察的尺度和分辨率的。虽然在以

区域尺度为主的数据图中 α 随尺度显示了明显的微小下降，但不能确定地认为这种趋势是显著的。根据 α (代表裂隙密度)与长度指数 a 之间关系的研究，可以得出 α 与 a 之间为正相关，可以看出两种趋势，对于给定的指数，节理网络比断层网络倾向于表现出更高的密度。这与一般的观察一致，节理网络比断层网络倾向于分散的空间分布(空间填充)，断层网络倾向于分形(少于空间充填)。

第四章　方向性变量的空间分布模拟

裂隙三维网络模拟的前提是：与裂隙网络有关的空间统计可以被测度且能用于生成具有相同空间特征的裂隙网络。三维离散裂隙网络模型可以归纳为三种。最简单的模型的假设是基于某一裂隙的空间位置对裂隙网络中任何后成的裂隙的空间定位没有影响，这些模型用均匀概率分布定位裂隙的中心(Dershowitz and Einstein，1988)。其他模型利用一些适当的密度函数，应用随机技术定位裂隙(Priest and Hudson，1976)。第三类方法主要是额外利用裂隙网络的尺度不变性特点。所有这些模型均致力于用原始方向和扩展分布按照统计规则在空间定位圆盘状的或多边形裂隙面。

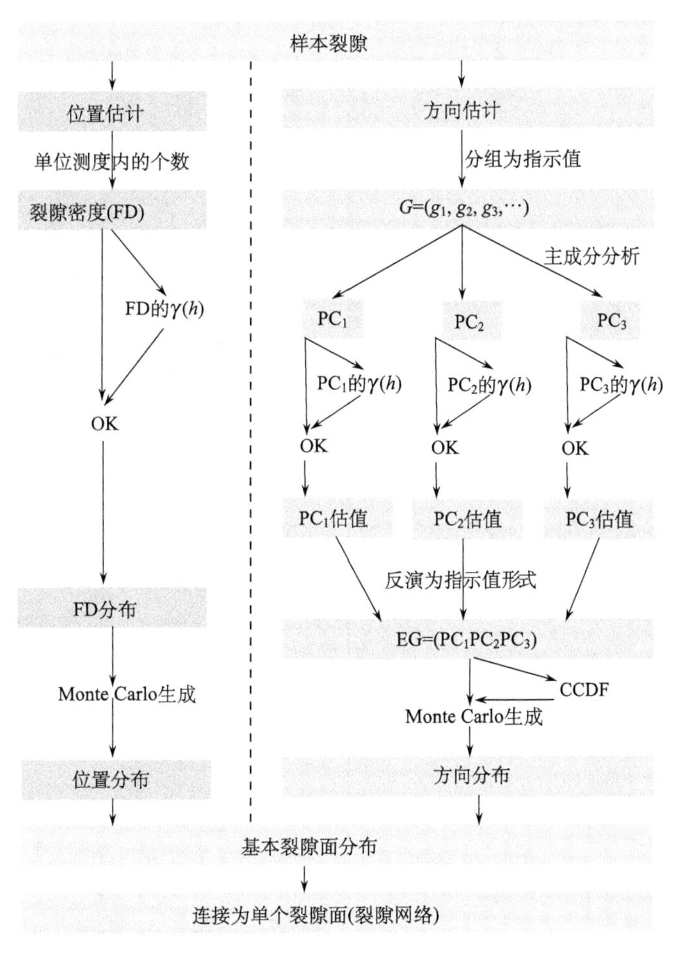

图 4-1　GEOFRAC 实现路线图

岩石裂隙本身具有多重属性，如位置、方向、宽度、形状等；不同的裂隙可能通过同一个空间位置；裂隙网络经常表现出继承性和某种程度的尺度不变性。为了考虑裂隙的这些特点，同时弥补实际中裂隙难以观测和样本裂隙数目少的缺陷，模拟裂隙的空间位置和方向、连接裂隙元，可以利用方向性变量的跨维数规律实现方向性变量数据在不同维数之间的转换，并利用方向性变量的跨尺度联系实现方向性变量数据在不同尺度之间的转换，在我们前期建立的 GEOFRAC 方法(Koike et al.，2001；Koike et al.，2012)的基础上，再应用遗传算法、模拟退火算法等，建立更精确的理论方法体系。

该方法由普通克里格(Ordinary Kriging，OK)(Journel et al.，1978)、序贯高斯模拟(Sequential Gaussian Simulation，SGS)、主成分分析(Principal Component Analysis，PCA)等方法构成。具体包括：分解方向性变量的属性、裂隙密度估计、裂隙位置生成、裂隙方向(走向和倾向)的主成分分析及反演、裂隙方向分布的地质统计学估值、方向性变量属性的综合、基本裂隙面的连接等。具体实现路线图如图 4-1 所示。

第一节　位置模拟

虽然裂隙位置经常表现出空间偏倚和丛聚性，但是裂隙密度在多数情况下呈正态分布，因此裂隙密度是模拟裂隙空间位置的有用工具。裂隙的空间位置由其中心点的空间坐标表示，如直角坐标系中的$[x, y, z]$形式。在二维迹线图中可以用迹线的中点代表其位置，在三维空间中可以用裂隙面的中心点来表示。

裂隙网络的空间位置模拟主要包括裂隙密度的计算、裂隙密度的空间分布、裂隙位置的生成等内容。

一、密度的计算

裂隙密度的计算可以用多种方法计算，如网格法、菱形法、地质单元法等。一般常用的是网格法，在多数情况下是矩形网格或者长方体体元，可以对研究区域进行互斥的全覆盖，符合数学上对空间分割的要求(图 4-2~图 4-5)。计算裂隙密度的主要步骤如下：

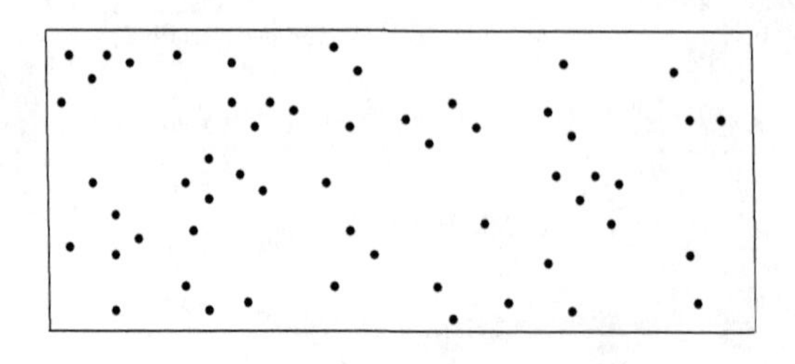

图 4-2　裂隙中心点空间分布示意图

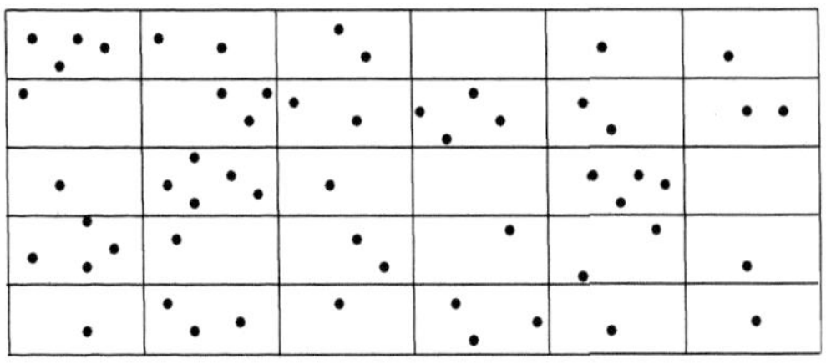

图 4-3　裂隙单元格布置示意图

•4	•2	•2	•0	•1	•1
•1	•3	•2	•4	•2	•2
•1	•5	•1	•0	•4	•0
•4	•1	•2	•1	•2	•1
•1	•3	•1	•3	•1	•1

Y↑ →X

图 4-4　裂隙密度计算示意图

x	y	FD
1	0.5	1
3	0.5	3
5	0.5	1
7	0.5	3
9	0.5	1
11	0.5	1
1	1.5	4
3	1.5	1
…	…	…

图 4-5　裂隙密度表示格式

1. 确定空间单元

空间单元格的大小变化会体现出一定的尺度效应，直接影响裂隙密度的典型代表性、频率分布、估计精度等测度指标的数值变化，进而影响裂隙网络模拟的准确性，因此需要根据研究区的实际情况，确定合适的单元格大小。

一般情况下，可以根据研究区的实际裂隙分布情况，考虑能够反映地质单元(如地层、岩体、裂隙间隔等)在 X、Y、Z 方向延展的最小距离、样本数据的数量，以及空间分布、计算耗时等情况，根据经验初步确定空间单元的尺寸。

影响空间单元尺寸确定的另外一种因素是检验概率密度的频率分布是否服从正态分布或对数正态分布。一般情况下，正态分布或对数正态分布可以为裂隙密度的空间分布估计和模拟提供方便和稳健的前提，因此要求裂隙的样本密度符合正态分布。

另外空间单元的大小可以根据裂隙密度空间分布估计的交叉验证系数来调整。在实际估计和模拟中，一般倾向于接受那些与较高的交叉验证系数对应的单元格尺寸，虽然有时候空间单元的大小看起来不太合理。

2. 计算裂隙密度

对于研究区域内的每一个(二维或三维)空间单元格，可以计算落入其中的裂隙中心点的数目，从而可以根据单元的大小得到各个单元格的裂隙密度，其格式可以写为 $[x, y, z, \mathrm{FD}]$。当所有的单元格均满足 $x=0$、$y=0$、$z=0$，可以认为其是二维空间裂隙密度的表现形式。

3. 裂隙密度分布的检验

根据计算得到的样本裂隙密度，可以作出裂隙密度的频率分布图，计算其平均值和方差。进而可以利用已知的各种分布函数拟合其分布曲线，根据拟合优度，确定裂隙密度分布的类型(图 4-6)。

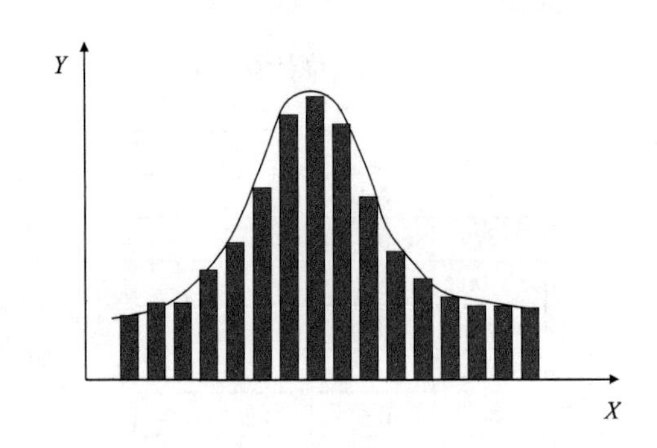

图 4-6　裂隙密度频率分布图

对于那些不服从正态分布或对数正态分布的裂隙密度分布，可以通过调整空间单元格的大小，使其分布接近正态分布或者对数正态分布。

另外可以利用线性或非线性函数对裂隙密度进行数据变换，一般是单映射变换，使之服从或接近正态分布或对数正态分布。

二、密度分布的估计

裂隙密度空间分布的估计和模拟可以有多种方法，本书主要应用普通克里格法和序贯高斯模拟法。在多数情况下，序贯高斯模拟法在模拟裂隙密度的空间分布上表现出较好的效果(Koike et al.，1999；Koike，2006；Liu et al.，2007)，这主要是因为序贯高斯模拟法能减少普通克里格法的平滑效果。

1. 密度变异函数计算

在用普通克里格法估计裂隙密度的空间分布时，需要用变异函数刻画其空间变异性，既描述其空间结构性，也刻画其随机性(Matheron，1963)。变异函数的定义为区域化变量 $Z(s)$ 在 s，$s+\bar{h}$ 两点处的值的差的方差的一半，记为 $\gamma(s,\bar{h})$，表示 $Z(s)$ 在 $\bar{h}$ 方向上的变异性。

$$\gamma(s,\vec{h}) = 1/2\,\mathrm{Var}[Z(s)-Z(s+\vec{h})] \\ = 1/2E[Z(s)-Z(s+\vec{h})]^2 - 1/2\{E[Z(s)-Z(s+\vec{h})]\}^2 \quad (4\text{-}1)$$

要计算$\gamma(s,\vec{h})$，就需要有$Z(s)$及$Z(s+h)$的若干观测值，但在实际的空间取样时在s和$s+h$上只能取得一对观测值$Z(s)$和$Z(s+h)$，因为不可能在空间同一位置上取两个样品。

因此需要对$Z(s)$作出本征假设，当区域化变量$Z(s)$的增量$[Z(s)-Z(s+\vec{h})]$满足下列两个条件时，则称$Z(s)$满足本征假设，或说$Z(s)$是本征的。

(1)在整个研究区域内。

$$E[Z(s)-Z(s+\vec{h})]=0 \qquad \forall s,\forall\vec{h} \quad (4\text{-}2)$$

(2)增量$[Z(s)-Z(s+\vec{h})]$的方差函数存在且平稳(不依赖于s)。

$$Var[Z(s)-Z(s+\vec{h})] = E[Z(s)-Z(s+\vec{h})]^2 - \{E[Z(s)-Z(s+\vec{h})]\}^2 \\ = E[Z(s)-Z(s+\vec{h})]^2 \qquad \forall s,\forall\vec{h} \quad (4\text{-}3)$$

可见，变异函数$\gamma(s,\vec{h})$与位置s无关，而仅依赖于滞后$\vec{h}$，因此$\gamma(s,\vec{h})$可以简写为$\gamma(\vec{h})$。在变异函数的实际计算中，自然地把滞后$\vec{h}$理解为某个方向上的变异函数，在写法上也经常把$\gamma(\vec{h})$简记为$\gamma(h)$。

由于计算$\gamma(h)$的增量$[Z(s)-Z(s+h)]$与具体空间点s无关而仅依赖于滞后h，因此被h分割每一对数据$\{Z(s_i),Z(s_i+h)\}(i=1,2,\cdots,N)$均可以看作是$[Z(s)-Z(s+h)]$的一次不同实现($N$是被$h$分割的数据对数)。这样就可以用$[Z(s)-Z(s+h)]^2$的算术平均值来计算实验变异函数$\gamma^*(h)$：

$$\gamma^*(h)=\frac{1}{2N}\sum_{i=1}^{N}[Z(s_i)-Z(s_i+h)]^2 \quad (4\text{-}4)$$

由于$C(0)=Var[Z(s)]=E[Z(s)]^2-\{E[Z(s)]\}^2=E[Z(s)]^2-m^2,\forall s$，又由于$s$点是任意的，若令$s=s+h$，亦可得到$C(0)=E[Z(s+h)]^2-m^2$，故有$\gamma(h)=C(0)-C(h)$。

这样就在协方差函数与变异函数之间建立了联系，协方差函数就可以通过计算变异函数得到，使后面克里格方程组的求解成为可能。

2. 密度空间分布估计

利用变异函数阐明裂隙密度的空间关系，进而在变异函数模型的基础上应用普通克里格法或高斯序贯模拟法估计裂隙密度的空间分布。

1)普通克里格法

普通克里格法是一种求最优线性无偏估计量(Best Linear Unbiased Estimator，BLUE)的方法。由于一般情况下，普通克里格法更具代表性，其基本原理如下。

线性：用某一待估点s周的若干已知样品值$Z(s_i)$($i=1,2,\cdots,n$)的线性加权平均值$Z^*(s)$来代表该点的真实值$Z(s)$。

$Z^*(s)\equiv\sum_{i=1}^{n}\lambda_i Z(s_i)$，$\lambda_i$ 是权重。

无偏：无偏性条件要求 $Z^*(s)$ 为 $Z(s)$ 的无偏估计量，即 $E[Z^*(s)-Z(s)]=0$

$$\because\ E[Z^*(s)]-E[Z(s)]=E\left(\sum_{i=1}^{n}\lambda_i Z(s_i)\right)-E[Z(s)]=\sum_{i=1}^{n}\lambda_i E[Z(s_i)]-m$$
$$=m\sum_{i=1}^{n}\lambda_i-m=0$$

$$\therefore\ \sum_{i=1}^{n}\lambda_i=1$$

最优：就是要真实值 $Z(s)$ 与估计值 $Z^*(s)$ 之间的克里格估计方差 σ_E^2 为最小。

$$\begin{aligned}\sigma_E^2&=E[Z(s)-Z^*(s)]^2=E[Z(s)^2]-2E[Z(s)\cdot Z^*(s)]+E[Z^*(s)^2]\\&=E[Z(s)\cdot Z(s)]-2E[Z(s)\cdot Z^*(s)]+E[Z^*(s)\cdot Z^*(s)]\\&=C(s,s)-2\sum_{i=1}^{n}\lambda_i C(s,s_i)+\sum_{i=1}^{n}\sum_{j=1}^{n}\lambda_i\lambda_j C(s_i,s_j),\quad(i,j=1,2,\cdots,n)\end{aligned}$$

在无偏性和克里格估计方差最小的条件下，要求出待估值 $Z^*(s)$ 中的诸 λ，就需用拉格朗日乘数法。

$$令\ F=\sigma_E^2-2\mu\left(\sum_{i=1}^{n}\lambda_i-1\right)$$

此处的 F 为 n 个权系数 λ_i 和 μ 的 $n+1$ 元函数，-2μ 为拉格朗日乘数。对诸权系数 λ_i 和 μ 求偏导并令其为零及得到：

$$\begin{cases}\dfrac{\partial F}{\partial\lambda_i}=-2C(s,s_i)+2\sum_{i=1}^{n}\lambda_j C(s_i,s_j)-2\mu=0\\[2ex]\dfrac{\partial F}{\partial\lambda_i}=-2\left(\sum_{i=1}^{n}\lambda_i-1\right)=0\end{cases}\quad(i,j=1,2,\cdots,n)\tag{4-5}$$

整理后得到：

$$\begin{cases}\sum_{i=1}^{n}\lambda_j C(s_i,s_j)-\mu=C(s,s_i)\\[2ex]\sum_{i=1}^{n}\lambda_i=1\end{cases}\quad(i,j=1,2,\cdots,n)\tag{4-6}$$

上述 $n+1$ 个方程组，称为普通克里格法方程组，通过该方程组即可得到 λ，从而可以求待估点的值。同时可以得到衡量估计精度的普通克里格法的估计方差：

$$\sigma_{\mathrm{K}}^2=C(s,s)-\sum_{i=1}^{n}\lambda_i C(s,s_i)+\mu\tag{4-7}$$

在解该方程组时，可以利用 $\gamma(h)=C(0)-C(h)$ 代替其中的协方差函数，从而实现该方程组的求解。

2) 序贯高斯模拟法

序贯高斯模拟法是一种以贝叶斯统计推断理论为基础的条件模拟算法。考虑N个随机变量Z_i的联合分布，表示空间区域离散成的网格节点上的同一属性，也可以表示在同一位置测量的不同属性，或表示在离散网格节点上属性的组合。对于一个包含n个数据的集合Z^{*n}，考虑这N个随机变量的条件分布，对应的N元条件累积分布函数(conditional cumulative density function，CCDF)，记为：

$$F_N(z_1, z_2, \cdots, z_N \mid Z^{*n}) = \mathrm{prob}(Z_i \leqslant z_i, i = 1, 2, \cdots, N \mid Z^{*n}) \tag{4-8}$$

为了得到来自于该条件分布函数的N元样本，可以由N个相继的步骤来完成，每一步都是从条件数据不断递增的单变量 CCDF 中抽样(胡先莉、薛东剑，2007)。具体步骤为：给定原始数据Z^{*n}时，从z_1的单变量 CCDF 中随机抽取一个样本z_1^*，该值在逐次提取时被看作条件数据，数据集Z^{*n}被更新为$Z^{*(n+1)} = Z^{*n} \cup \{Z_1 = z_1^*\}$；给定更新的数据集$Z^{*(n+1)}$时，从$Z_2$的单变量 CCDF 中随机抽取一个样本$z_2^*$，则更新后的信息集为$Z^{*(n+2)} = Z^{*(n+1)} \cup \{Z_2 = z_2^*\}$；依次可以考虑$N$个随机变量$Z_i$。

从实用的观点来看，任何能够生成局部条件概率分布估计量的方法都可以作为序贯模拟的基础。由高斯型的平稳随机函数表征的连续变量$Z(u)$的条件模拟如下进行：

(1) 确定整个研究区域而不只是已有的z采样数据的单变量累积频率分布$F_z(z)$。如果z数据的分布不均匀，具有偏向性或从聚性，则需对其进行解串(declustering)；也可能需要通过外推进行光滑。

(2) 利用累积频率分布$F_z(z)$对z数据进行正态得分转换(normal score transform)，变为具有标准正态 CDF 的y数据。

(3) 验证y数据的双元正态性(bivariate normality)。如果不满足多元高斯随机函数模型，那么考虑其他的模型。

(4) 如果y数据满足多元高斯随机函数模型。定义一条随机路径，依次访问各个节点，在每个节点u处，保留一定数目的邻域数据，包括原始的y数据和已经模拟过的节点上的y数值；利用克里格和正态得分转换后的y数据的变异函数模型来确定位置u处随机函数$Y(u)$的 CCDF；从该 CCDF 中随机提取一个模拟值$y^*(u)$，并将其加进数据集中；重复以上步骤直到所有节点都被模拟。

(5) 把模拟得到的正态数值$y^*(u)$，逆转换回原始变量的模拟值$z^*(u)$。

3. 误差检验

估计误差可以用交叉验证法进行衡量，先删去变量在某处的观测值$Z(u)$，然后用其余若干个观测点对变量在u的值进行估计，得到估计值$Z^*(u)$。对每一个已知观察点都重复这个过程，可以得到估计误差：

$$e_i = | Z(u_i) - Z^*(u_i) | \quad i = 1, 2, \cdots, N \tag{4-9}$$

和偏差比：

$$s_i = |Z(u_i) - Z^*(u_i)| / \sigma^2(u_i) \quad i = 1, 2, \cdots, N \tag{4-10}$$

式中，$\sigma^2(u_i)$ 为点 u_i 处的克里格估计方差。

三、空间位置的生成

在对裂隙密度的空间分布进行估计后，研究区域内的每个待估单元格都被赋予一个裂隙密度值，即该单元格内的裂隙数目，进而可以知道研究区内的裂隙总数目。所有裂隙的空间分布位置可以根据裂隙密度值应用蒙特卡洛(Monto Carlo)法按照均匀分布随机产生。

蒙特卡洛法即随机抽样技术或统计试验方法，是一种依据统计抽样理论使用计算机研究随机变量的数值计算方法。某事件的概率可以用大量试验中该事件发生的频率来估算，当样本容量足够大时，可以认为该事件的发生频率即为其概率(徐耀宗，1987)。因此，可以先对影响其可靠度的随机变量进行大量的随机抽样，然后把这些抽样值一组一组地代入功能函数式，确定结构是否失效，最后从中求得结构的失效概率。蒙特卡洛法的具体实施方案：通过计算机程序先产生[0,1]区间上的一系列均匀分布随机数 $u_1, u_2, \cdots, u_N$，将这些均匀分布随机数代入所研究的随机变量 z 的模拟模型：

$$z_j = F^{-1}(u_j) \quad (j = 1, 2, \cdots, N) \tag{4-11}$$

式中，N 为试验次数；$F^{-1}(u_j)$ 为 z 的分布函数 $F(z)$ 的逆函数，或根据随机过程理论分析建立相应的随机模型。

实践表明，试验次数越多，z 的频率分布越接近其真实的概率分布。在实际中 N 一般取频率分布收敛时所对应的试验次数。蒙特卡洛法具有许多优点，不受极限状态方程是否线性、分布是否服从正态等条件的限制，只要模拟次数足够多，就能得到一个相对精确的概率值。

第二节 方向模拟

由于构造应力的作用，裂隙一般具有优势方向；同时方向属于环形重复变量，大的数值(如 π)与小的数值(如0)表示的方向之间的差距不能简单的用减法进行度量。因此裂隙方向不能简单地应用普通克里格法进行估计，而需要应用主成分分析法进行估计，可以按下列步骤进行。

一、方向转换

1. 方向表征

裂隙方向的表示有多种形式，如单位法线法、地质上经常使用的(走向)倾向倾角法。本书为了计算的简便，使用方向表示的右手顺时针度量法(图4-7)。

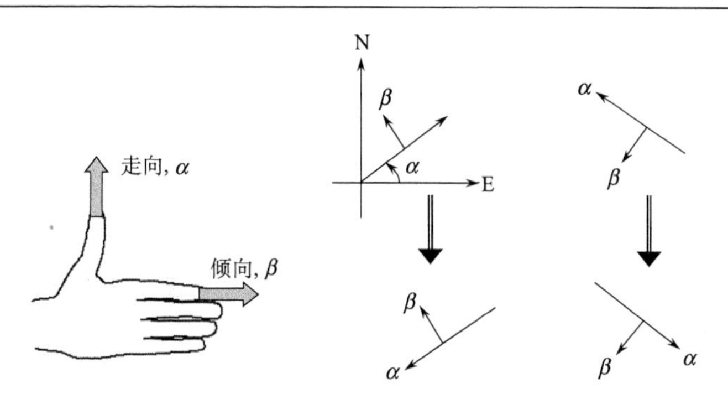

图 4-7　方向表示的右手顺时针度量法

设定拇指和食指垂直的右手，手背朝外。令裂隙的走向为拇指方向，倾向为食指方向，只要把走向沿时钟顺时针方向旋转 90°即可得到倾向方向。这样走向和倾向之间即为唯一对应关系，避免一个倾向对应两个走向(互为反方向)，方便计算机程序编程。

这样，无论使用裂隙的走向或倾向，只要配以倾角，即可在三维空间中唯一确定裂隙的展布，其中走向α范围为$[0,\pi]$，倾角φ的范围为$[0,\pi/2]$。

2. 方向分组

将裂隙方向范围均等或不均等地分为n个互斥的方向组(图 4-8)。

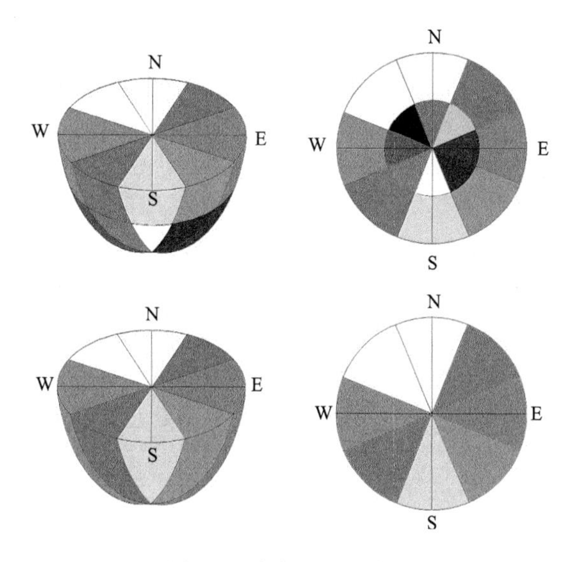

图 4-8　方向分组示意图

裂隙方向的组数可以自由决定，但一般说来$n=8$就足够了，表示为$[g_1, g_2, g_3, \cdots, g_8]$；如果考虑裂隙的空间方位，即走向和倾向同时考虑，一般$n=16$是可以接受的，表示为$[g_1, g_2, g_3, \cdots, g_{16}]$。

在许多时候，由于受到地应力的作用，实际中的裂隙在方向上经常表现出明显的分组，即以某一方向为中心出现丛聚分布。因此可以先按裂隙丛聚特点分为几个方向集，然后在集合内再进行方向分组，可以得到更符合实际的方向分割。

3. 方向转换

根据裂隙方向所属的组将其表示为指示形式(g_1，g_2，…，g_n)。其中只有裂隙方向角度所在的组被赋值 1，代表该裂隙方向出现在该方向组内；而其他组被赋值 0，代表该裂隙方向在该组内不出现。

例如，裂隙的走向范围$[0,\pi]$可以被分为 4 个方向组(EW，NE，NS，NW)，其中 EW 代表$[0, \pi/8)\cup(7\pi/8, \pi)$，NE、NS、NW 分别代表$(\pi/8, 3\pi/8]$、$(3\pi/8, 5\pi/8]$、$(5\pi/8, 7\pi/8]$，实现裂隙走向角度范围的互斥全覆盖。对于走向为 $\pi/4$ 的裂隙，即可被归入 NE 组，对应的指示值为(0 1 0 0)。这样就实现了裂隙方向从地质表示向指示形式表示的转换。

通过裂隙方向的转换，可以使裂隙方向在各个组内表现出较为均匀的分布。同时减小由裂隙方向集之间的差异引起的过度离散或集中。

二、主成分计算

通过主成分分析，主成分变成原始变量的线性组合，且各个主成分之间互不相关，复杂问题在不损失太多信息的情况下只考虑少数几个主成分，从而使问题得到简化、提高分析和处理问题的效率。

1. 主成分计算

由于裂隙方向的指示值包括多个成分，主成分分析被用来减少成分的数目。一般情况下，三个主成分即可在高置信度下代表所有成分变量的信息量，而三个成分变量对于计算机程序计算来说是也可行的。

主成分分析实质上是一种数学变换的方法，它把一组相关变量通过线性变换转换成另一组不相关的变量，将这些新的不相关的变量按照方差依次递减的顺序排列，就形成所谓的主成分，使得第一主成分具有最大的方差，第二主成分的方差次之，并且和第一主成分不相关，依次类推，形成 p 个主成分。

设有 N 个样本，每个样本有 p 项指标(变量) $x_1, x_2, \cdots, x_p$。为了消除由于量纲不同可能带来的一些不合理的影响，在进行主成分分析之前先对数据进行标准化处理，以使每一变量的平均值为 0，方差为 1。

$$x^*_{ij} = \frac{x_{ij} - \overline{x_j}}{\sqrt{\mathrm{var}(x_j)}} \tag{4-12}$$

式中，$i = 1, 2, \cdots, N$，$j = 1, 2, \cdots, p$，x^*_{ij} 和 $\sqrt{\mathrm{var}(x_j)}$ 分别为第 j 个变量的平均值和标准差。

将数据标准化后的矩阵记为 X，那么 $x = (x_1, x_2, \cdots, x_p)'$ 的 p 个变量综合成 p 个新变量，新的综合变量可以由原变量的线性组合表示：

$$y_i = v_i' x, i = 1, 2, \cdots p, \qquad v_i = (v_{i1}, v_{i2}, \cdots v_{ip})'$$

并且满足

$$v_{i1}^2+v_{i2}^2+\cdots+v_{i1}^2=(i=1,2,\cdots,p)$$

其中系数v_{ij}由以下原则来确定：①y_i与y_j（$i\neq j;i,j=1,2,\cdots,p$）相互无关；②y_1是$x_1,x_2,\cdots,x_p$的一切线性组合中方差最大者；y_2是与y_1不相关的$x_1,x_2,\cdots,x_p$的所有线性组合中方差第二大者；y_p是与$y_1,y_2,\cdots,y_{p-1}$都不不相关的$x_1,x_2,\cdots,x_p$的所有线性组合中方差第p大者。

如此决定的综合变量$y_1,y_2,\cdots,y_p$就是主成分，则有

$$\mathrm{cov}(y)=V\,\mathrm{cov}(x)V'=V\sum V'=\Lambda$$

其中$\Lambda=\begin{bmatrix}\lambda_1&0&\cdots&0\\0&\lambda_2&\cdots&0\\\cdots&\cdots&\cdots&\cdots\\0&0&0&\lambda_p\end{bmatrix}$，$\lambda_1\geqslant\lambda_2\geqslant\cdots\geqslant\lambda_p>0$，用$V'$左乘后可以得到$\sum V'=V'\Lambda$。

协方差矩阵(标准化后等于相关系数矩阵)的非0特征值所对应的特征向量(单位化的)$v_1,v_2,\cdots,v_p$就是所要求的主成分系数向量。

$\alpha_i=\lambda_i/\sum\limits_{i=1}^{p}\lambda_i$为第$i$个主成分$y_i$的方差贡献率，$\sum\limits_{i=1}^{q}\lambda_i/\sum\limits_{i=1}^{p}\lambda_i$为主成分$y_1,y_2,\cdots,y_q$的累积贡献率。在实际应用中，一般挑选前几个方差最大的主成分，通常选取使得累计贡献率达到85%以上的q（$q<p$）个主成分，即$\sum\limits_{i=1}^{q}\lambda_i/\sum\limits_{i=1}^{p}\lambda_i\geqslant 85\%$。

综合评价函数为$Y=(a_1\hat{y}_1+a_2\hat{y}_2+\cdots a_q\hat{y}_q)/\sum\limits_{i=1}^{q}a_i$，其中$\hat{y}_i(i=1,2,\cdots,q)$为第$i$个主成分的得分。

综上所述，主成分分析的一般步骤如下：

(1)设某综合评价使用p项指标，先将指标同趋势化，即将逆向指标转为正向指标，一般用指标值的倒数代替原指标。

(2)进行无量纲化。将p项指标的原始数据标准化。

(3)计算指标的相关矩阵R，求R的p个特征值记为$\lambda_1\geqslant\lambda_2\geqslant\cdots\geqslant\lambda_p>0$，相应的正交化特征向量$v_i=(v_{i1},v_{i2},\cdots,v_{ip}),i=1,2,\cdots,p$。

(4)设方差贡献率$a_i=\lambda_i/\sum\limits_{i=1}^{p}\lambda_i$，当累计方差贡献率$\sum\limits_{i=1}^{q}a_i$达到一定的数值(一般取≥85%)时，取$q$个主成分$y_i=v_{i1}x_1+v_{i2}x_2+\cdots+v_{ip}x_p(i=1,2,\cdots,q)$，进而得到综合评价函数$Y=(a_1\hat{y}_1+a_2\hat{y}_2+\cdots a_q\hat{y}_q)/\sum\limits_{i=1}^{q}a_i$。

(5)将每一个样本的标准化指标值代入(4)求得各样本的综合评价函数值，根据综合评价函数值对各样本进行排序。

2. 主成分估计

对于每一个主成分，作为一个新的变量看待，计算出其的空间变异函数，找出其中隐藏的空间变异规律，进而用普通克里格法或序贯高斯模拟法估计各主成分的空间分布。从而在研究区域内的每个待估裂隙点上，可以估计出裂隙方向的所有主成分值。

总体来说，主成分的空间分布估计与裂隙密度的空间分布估计类似，但在进行变异函数计算时所用的数据是样本裂隙方向的主成分值，而在进行普通克里格法估值时是对生成的裂隙位置(而不是单元格)作为待估点进行估计的。

对于生成的裂隙位置点，有的位置点上的主成分(全部或者某几个)可能由于搜索范围的限制，或者病态变异函数矩阵不能求解的原因等而不能进行估计，从而出现某一裂隙位置点上不是所有的主成分均能被估计，进而不能进行接下来的主成分反演计算，该位置点作为病态点或者不完整点予以抛弃。因此，估计得到的主成分完整的位置点少于或者等于生成的裂隙点。

3. 主成分变换

将每个位置上估计的主成分值(3个或4个)反演为相应的分组形式(如8组或16组)，利用主成分计算过程中的转置矩阵即可得到。这样在每一个裂隙位置点上即可得到一组与其主成分对应的值。

将该组具有最大值的组用1来表示，代表裂隙出现在该方向组的可能性最大；其他成分赋值为 0，代表裂隙不在这些方向组中出现的可能性小。从而实现每个裂隙位置均对应一个最可能的方向组，可以认为在该位置点上的裂隙方向于该组内出现的概率最大。

例如，在某一裂隙位置上的主成分进行反演后得到的分组值为(0.5 0.3 0.1 0.9)，将其中的最大值 0.9 替换为 1，其他的替换为 0，变成(0 0 0 1)，据此可以认为该裂隙方向最可能的方向组为 NW 方向组(5π/8，7π/8]。

三、方向生成

根据该方向组内实验累积分布函数(cumulative distribution function，CDF)，在该方向组角度范围内随机产生裂隙的方向。

首先，根据样本裂隙的方向数据，计算每一组内的方向角度的 CDF，得到试验 CDF 曲线。

然后，利用前述的 Monto Carlo 法在[0,1]区间内随机产生一个数字，然后在 CDF 曲线找到与该数字对应的点，进而找到对应的方向角度，作为该位置点上的裂隙方向。

第三节 裂隙连接

在对裂隙的位置和方向进行估计和模拟后，在研究区域可以得到许多裂隙位置点，同时在每个裂隙点上也得到了其对应的方向，据此可以初步得到裂隙的基本形式。对裂隙的其他属性，如隙宽、充填等可以应用地质统计学的原理或者其他方法进行估计和模拟。虽然这些属性也是裂隙的重要属性，在各种领域中具有重要作用，但本书不做重点论述。

假设裂隙为某一固定直径(一般根据其单元格的大小确定)的圆盘，则可以将该裂隙(面)看做基本的裂隙元素，称为裂隙元。为了得到不同规模和产状的裂隙面，组成裂隙的网络，需要根据裂隙元之间的距离和方向，将那些空间位置和方向相近的裂隙元按照一定的规则连接起来，为一个裂隙面。

一、裂隙元的连接

很明显，空间中的裂隙面，尤其那些延展广的裂隙面，可以被离散为不同单元格内的若干裂隙元。因此根据单元格估计得到的裂隙元，需要按一定的标准进行连接，形成大的裂隙面(图 4-9)。这就需要确定一个标准，将符合该标准的裂隙元视为一个大裂隙面的构成。显然，可以根据裂隙的力学性质、充填、隙宽等给出不同的连接标准，本书根据裂隙元在空间的几何关系给出下述两种连接标准。

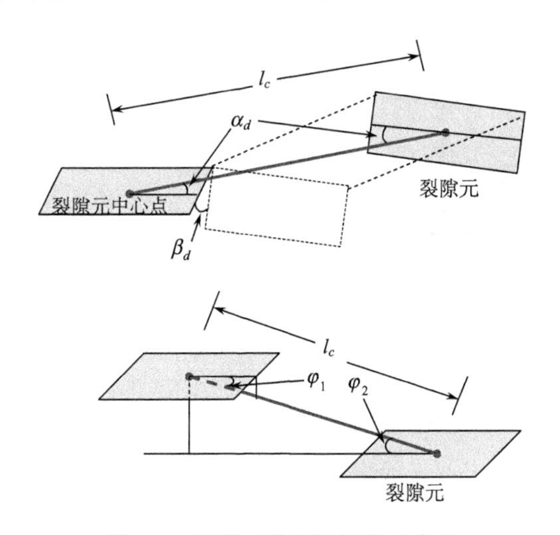

图 4-9　裂隙元的连接标准示意图

令 f_l 为两个裂隙元中心点之间的距离，f_α 为两个裂隙元之间的夹角，f_β 为两个裂隙元与其连线之间夹角中的小者，则将符合下述条件的裂隙元视为属于同一个裂隙面：

$f_l < l_c$，$f_\alpha < \alpha_c$ 其 $f_\beta < \beta_c$

或者

$f_l < l_c$ 且 $f_\beta < \beta_c$

其中 l_c 为给定的裂隙元连接的容许距离，可以参考单元格的大小确定，一般为 2~3 个单元的大小，视研究区域裂隙分布的连续性、间断性情况而定。

α_c、β_c 为给定的裂隙元连接的容许角度，视研究区域裂隙面的空间起伏幅度而定，一般可以定为 5°~10°。

对连接为一个裂隙面的若干(如 2 个)裂隙元，按上述标准在剩余的裂隙元中继续搜索与之相符的裂隙元；重复上述循环搜索过程直到没有符合标准的裂隙元存在。将搜索得到的裂隙元标记为同属一个裂隙面的裂隙元。

在剩余的其他的裂隙元中重复上述搜索步骤，直到所有的裂隙均被标记为止。

需要注意的是存在一些孤立的裂隙元，在上述标准下不能与任何其他的裂隙元进行连接，单独标记为一个裂隙面；该裂隙面只有一个裂隙元组成。

二、裂隙的生成

真实的裂隙面本身是一个复杂的空间面，在不同的位置具有不同的方向，因此可以将裂隙元连接为一个三维三角网，如图 4-10 和彩图 1 所示。

也可以用裂隙元的中心位置、平均走向和倾角连接为一个三维空间平面，该平面的边界止于裂隙元的中心点在该三维空间平面上的投影位置。

如果某一裂隙元未能与其他裂隙元连接，是孤立的，可以根据其走向和倾角将其表示为一个直径为 LL 的空间圆盘。

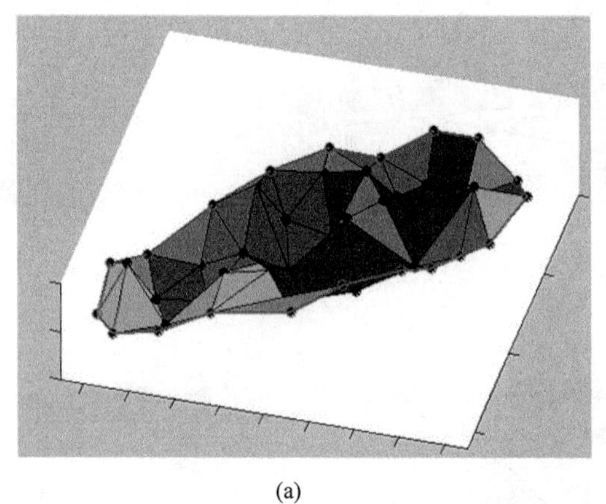

(a)

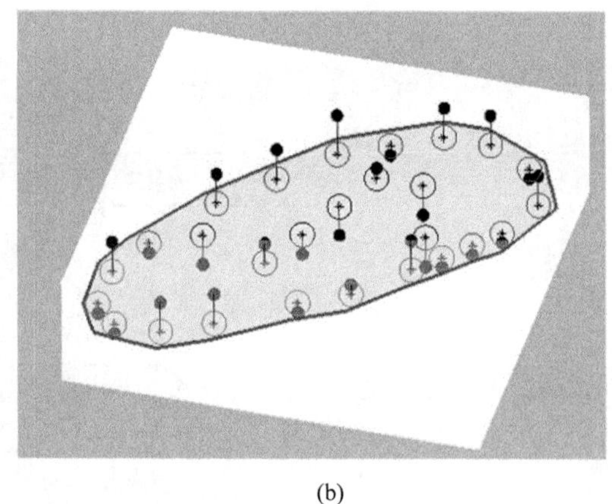

(b)

图 4-10　裂隙面显示示意图

(a)裂隙三维空间曲面；(b)裂隙中心面

第五章　个旧锡矿高松矿田裂隙空间分布模拟

本书以个旧锡矿高松矿田为研究区，综合搜集坑道、地表、公路壁、岩石、遥感等不同尺度上的裂隙数据，用 CT、声发射等技术手段，模拟裂隙网络的空间分布，并对裂隙进行跨维数和跨尺度分析。

第一节　区域及矿区地质

一、区域地质

个旧-滇东南地区地处环太平洋构造域与特提斯构造域的复合部位，自元古宙至新生代地层均有出露。根据区内建造及其形成、改造与变形特征，可划分为下部的前泥盆系

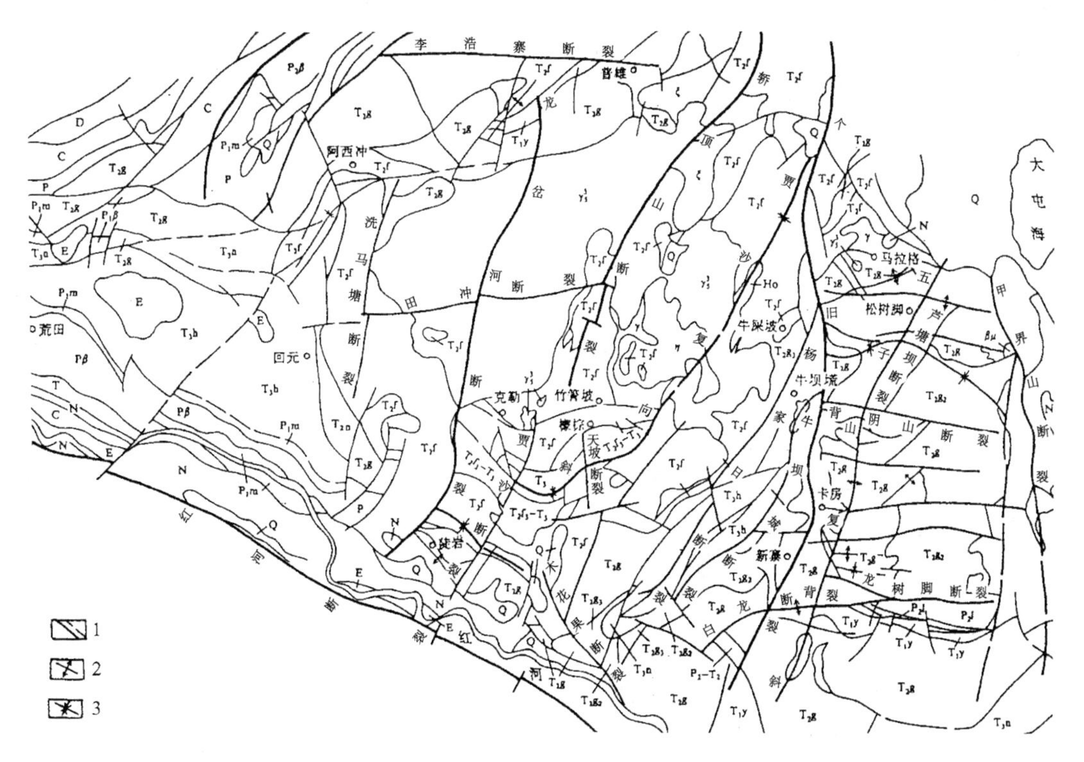

图 5-1　个旧矿区区域地质简图(据庄永秋等，1996)

Q.第四系浮土；N.新近系砂质黏土砾石层；E.古近系黏土砂页岩砾石层；T_3.上三叠统砂页岩灰煤层；T_3h.上三叠统火把冲组砂页夹碳质页岩；T_3n.上三叠统鸟格组砂岩夹页岩、泥岩；T_2f.中三叠统法郎组砂岩夹泥质灰岩；T_2g.中三叠统个旧组灰岩白云岩；T_1g.下三叠统永宁镇组砂岩夹页岩泥岩；T.三叠系；$P_2\beta$.上二叠统玄武岩；P_2l.上二叠统龙潭组含煤砂页岩；P_1m.下二叠统茅口组灰岩；Pβ.二叠系玄武岩；P.二叠系；C.石炭系；D.泥盆系；βμ.变基性岩；γ_5^3.燕山晚期花岗岩；γ.辉长岩；η.二长岩；ξ.碱性岩；1.断层；2.背斜轴；3.向斜轴

褶皱基底和上部的泥盆系至第四系沉积盖层(於崇文、蒋耀淞，1990)。区内基本构造格局为东西向、南北向、北东向及北西向的断裂、褶皱，周界被岩石圈-地壳断裂带围限，西接康滇古陆，东邻越北-屏边古陆，南靠哀牢山变质地块。岩浆岩出露广泛，已知矿床分布于古陆边缘及近古陆的前陆盆地区域(庄永秋等，1996)。

区域内主要出露二叠系和三叠系地层，另有古近系、新近系、第四系地层零星出露(图5-1)。

下二叠统茅口组(P_1m)：主要为火山岩系。以玄武质熔岩为主的基性火山岩和酸性火山岩，前者厚达2423m，后者厚240余米。在火山岩中夹生物灰岩、硅质岩、页岩，分布在矿区外缘的西北和西南部，在荒田一带铅锌矿即产于此层中。

上二叠统龙潭组(P_2l)：为煤系地层，砂岩、页岩和泥岩，含瓣鳃类及海百合茎化石。厚度大于332m。在矿区东南部箕基凹一带零星出露。

下三叠统飞仙关组(T_1f)：为紫红色或灰绿色的含沉凝灰质砂页岩、泥岩零星出露于矿区东南的龙头寨、夹马坎及矿区北部的畔山、榄盘寨等地。榄盘寨的金矿点即产于此层位中。本层在卡房南可见与下伏龙潭组呈假整合接触，厚173~389m。

下三叠统永宁镇组(T_1g)：为灰绿色、黄绿色的泥灰岩夹泥岩、粉砂岩。下部泥岩中含鳃类化石。厚408~457m。与下伏飞仙关组及上覆个旧组均呈整合接触。主要出露于矿区东南的卡房南部及矿区北部的九头山一带。九头山铅矿部分产于其中。

中三叠统个旧组(T_2g)：主要为较纯的碳酸盐岩，其下部有火山岩及泥质灰岩，总厚度为1400~4000m。与上覆法郎组主要呈整合接触，局部为平行不整合。该层出露最广，主要见于东区，也见于西区的牛屎坡、陡岩、普雄等地。是锡多金属矿的最主要容矿层。

中三叠统法郎组(T_2f)：广泛分布于个旧西区及东区北部边缘(水塘寨及其以北)。岩性变化较大，大致可分为东、中、西三个岩性区。

东部岩性区位于密岩山以东，可分为三段。下段以黄色页岩、泥岩、板岩为主，夹硅质页岩、碳质页岩、泥质灰岩，局部有含锰泥岩，底部在马拉格一带见其与个旧组平行接触处有厚数十米的硅质砾岩，本层厚400~700m。泥岩、页岩中多瓣鳃类化石。该层从水塘寨经保和到木花果均在泥质岩石中见玄武岩及凝灰岩。保和一带有两层火山岩，单层厚20余米；与这里的金及锑铅银的矿化有明显的空间相依性。中段以泥质灰岩为主夹较纯灰岩，厚400~800m。是薄铅矿层赋存层位。近花岗岩接触带还有层状夕卡岩型钨矿产于其中。上段以黄色、灰紫色等杂色的页岩、凝灰质千枚岩、板岩为主，夹泥质灰岩透镜状，厚约1000m。近接触带变质为堇青石角岩，或角闪石类角岩，或钙铝榴石、符山石类角岩。在神仙水花岗岩接触带角闪石角岩中有厚近百米的贫铅矿化层。

中部岩性区在裴枯龙-林河村一带，与东部岩性的岩性相似，其上段以火山岩特别发育为突出特点，尤其他白一带最为典型。火山岩系的岩性以致密状及杏仁状的玄武岩或变玄武岩为主，总厚约1700m；中段以泥质灰岩为主，是层状铅锌矿的重要赋存层位。

西部岩性区分布于白显一带，主要为灰岩、泥质灰岩、白云岩夹页岩或千枚状页岩，厚850m。从底部到上部共有7个含锰层位，白显优质锰矿床即产于此。

上三叠统鸟格组(T_3n)：主要为砂质页岩、粉砂岩夹碳质页岩、泥岩，多瓣鳃类及菊石化石，厚约300m。分布于个旧西区南部火把冲及西部回元一带。与下伏法郎组呈整合接触。

上三叠统火把冲组(T_3h)：主要为黄色到灰黑色的板岩、砂岩、碳质页岩夹硅质砾岩层、透镜状无烟煤层。产丰富的瓣鳃类及植物化石。厚 207~911m。除火把冲一带外，主要见于西区大岩体以西。回元的铜金矿点即产于此层中。

古近系和新近系：主要为浅灰色泥岩、泥灰岩。分布在一些山间盆地中，厚度不详，其与上下地层为不整合。

第四系：为山地残坡积及山间盆地的洪积、冲积物，多为含锡等矿物的黏土，广布于矿区内。个旧的主要砂锡矿床产于残坡积层中。

二、矿田地质

高松矿田处于个旧锡矿东矿区Ⅰ级褶皱的五子山复背斜北段，夹持于南北向个旧断裂、甲介山断裂与东西向个松断裂、背阴山断裂之间(图 5-2)，面积约 60km^2(杨铮、颜家荃，1990；孙绍有，2004)。

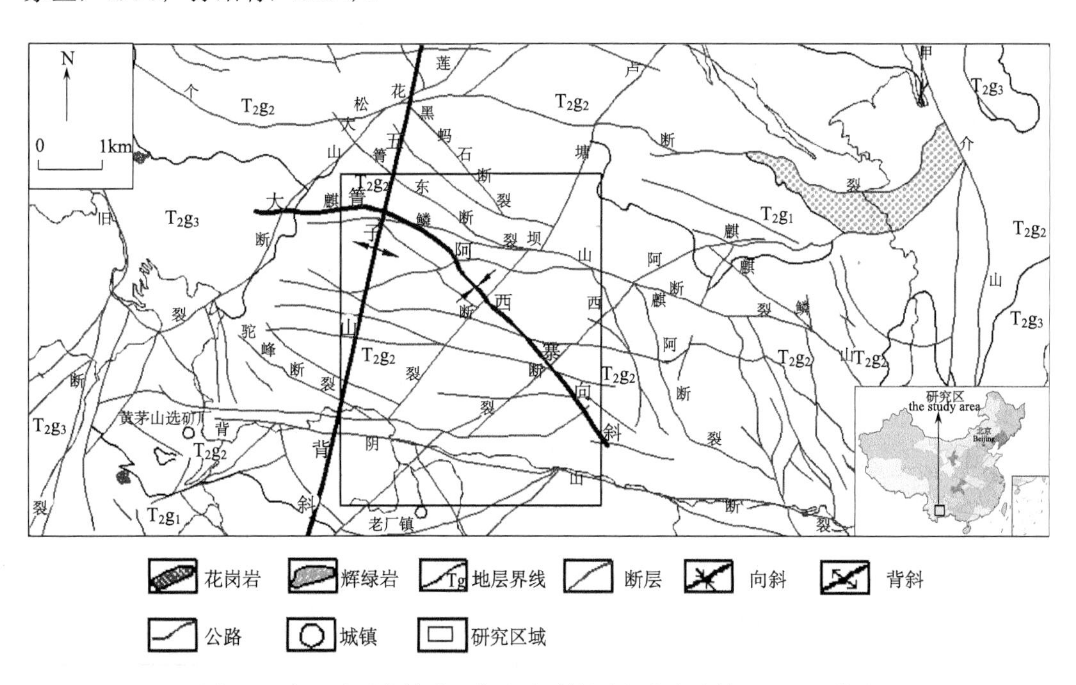

图 5-2　个旧矿区高松矿田构造地质简图(据庄永秋等，1996，修改)

T_2g_1.中三叠统个旧组卡房段白云岩灰岩；T_2g_2.中三叠统个旧组马拉格段白云岩；T_2g_3.中三叠统个旧组白泥洞段灰岩

1. 地层

高松矿田内出露的地层为中三叠统个旧组(T_2g)，其底部($T_2g_1^1$)未出露，顶部($T_2g_3^3$)被剥蚀，出露 $T_2g_1^2$—$T_2g_3^2$，其中卡房段(T_2g_1)出露于北东部，马拉格段(T_2g_2)发育齐全，分布广泛，白泥洞段(T_2g_3)出露于西部。

个旧组是矿田内出露的主要层位，可以分为卡房段(T_2g_1)、马拉格段(T_2g_2)、白泥洞段(T_2g_3)三段，每一段又可分为若干层，其特征如下：

卡房段(T_2g_1)：卡房段可分为 6 层。其中$T_2g_1^2$、$T_2g_1^4$、$T_2g_1^6$以白云质灰岩、石灰岩与灰质白云岩、白云岩互层为特征，$T_2g_1^3$、$T_2g_1^5$以灰岩、生物碎屑灰岩、鲕状和泥晶灰岩为主，$T_2g_1^5$以极发育的瘤状灰岩为特征。

$T_2g_1^1$：下部为灰色、浅灰色的中厚层状灰岩，含少量泥灰岩；中部为灰色厚层灰岩；中下部夹基性火山岩，厚 500~570m。属潮间到潮上环境。

$T_2g_1^2$：灰色、浅灰色中厚层状灰岩夹薄层状含灰质微晶白云岩互层，并夹多层凝灰岩。岩石中夹藻团粒、球粒、核形石、穹状-波状叠层石、层纹石、凝块石、缅粒等，局部具斜层理、硅质结核、去膏化组构。厚 37~130m，属台丘沉积环境。

$T_2g_1^3$：上部为灰色、深灰色、黑灰色中厚层状灰岩，沿层普遍含细粒分散和结核状黄铁矿，有蓝藻丝体粒结的凝块石、团粒、球粒、层纹石分布。具叠层构造和汤团构造。动物化石有介屑、棘屑，夹多层蠕虫状灰岩和少量瘤状灰岩。下部为灰色中厚层、薄层状泥质泥晶-微晶灰岩，具立方体黄铁矿沿层分布，厚 70~140m。下部反映出潮坪淡化潟湖环境，到上部转化为咸化潟湖环境。

$T_2g_1^4$：上部为灰色中厚层夹薄层微晶白云岩与灰岩互层，间夹砾屑灰岩；下部为灰色中厚层状微晶白云岩，具溶解角砾、变形层理、方解石晶簇脉、膏模孔及汤团构造等蒸发标志。层纹石在白云岩中普遍发育。厚 60~260m。为潮坪咸化潟湖环境。

$T_2g_1^5$：上部为深灰色瘤状灰岩，中厚-薄层状微晶灰岩、砾屑灰岩，岩层中见藻黏结斑点、团块、球粒。动物化石见介形虫、棘屑、腹足、瓣鳃等碎片。下部为深灰色厚层状微晶灰岩夹少量灰质白云岩。厚 69~205m。反映出沉积期水体稳定、沉积条件变化不大的潮下低能沉积环境。

$T_2g_1^6$：灰色中厚层状微晶-砂屑灰质白云岩与微晶灰岩互层，灰质白云岩中见藻黏结凝块、藻团、球粒及层纹石，膏模孔、鸟眼和汤团构造发育，含少量介形虫化石。厚 15~200m。反映出沉积物和沉积环境为潮间-潮上重复变化。

马拉格段(T_2g_2)：以白云岩为主，可分为 3 层。其中$T_2g_2^1$、$T_2g_2^3$主要为膏盐蒸发白云岩，具有藻层纹、藻斑点、砾屑等结构构造。$T_2g_2^2$以数毫米纹层白云岩为主，$T_2g_2^4$以灰岩、白云岩互层或“补丁”状构造为特征。

$T_2g_2^1$—$T_2g_2^3$：灰色、深灰色中厚层状微晶、粉晶白云岩，夹灰质白云岩、白云质灰岩。底部夹 1~2 层塌积角砾岩。具溶解角砾、膏模孔、鸟眼、汤团等构造，以及干裂等蒸发暴露标志。厚 240~1140m。反映了蒸发潮上的沉积环境。

白泥洞段(T_2g_3)：以中厚层状含生物碎屑微晶灰岩为主，可分为 2 层。

$T_2g_3^1$—$T_2g_3^2$：灰色、深灰色中-厚层状微晶灰岩，间夹层纹石灰质白云岩。在灰质白云岩中见鸟眼构造。岩石普遍大理岩化。厚 70~200m。反映出沉积物质变化小，沉积环境相对稳定的潮下低能环境。

2. 构造

褶皱构造：①对门山-阿西寨向斜，为不对称开阔向斜，轴面弯曲近 EW 向；②驼峰山背斜，为老厂背斜北段，轴向 NNE；③松南岩层陡立带，位于芦塘坝至个松断裂南侧，西至小石岗山，东至麒麟山，呈 NW 向展布，倾角 55°~90°，为一 NE 向歪斜或倒转的扇形褶皱之南翼，其形成与个松断裂有关；④大箐东表层褶皱带，位于矿田西部的大箐村西侧、为发生在 T_2g_3 地层中之表层次级褶曲。

断裂构造：可分为 EW、NE、NW、SN 向四组，其中以近 EW 向和 NE 向为主，NW 向次之。

1) EW 向断裂组

EW 向断裂组自北而南有个松断裂、麒麟山断裂、马吃水断裂、高阿断裂、背阴山断裂，其中个松断裂和背阴山断裂规模较大，麒麟山断裂次之。

个松断裂：位于矿田北部，为矿田北界，是 EW 向断裂中最有代表性的导矿、容矿断裂。走向长大于 10km，倾斜延深大于 800m，近 EW 走向，总体南倾，倾角 70°~90°，局部反倾。断裂带宽为 5~30m，局部达 50m。断裂沿走向及倾向均呈舒缓波状展布，呈现出压扭特征。断裂带中有角砾岩、碎粒岩和糜棱岩。可见水平擦痕，具多期活动特征。该断裂具有明显的控岩、控矿作用，松树脚岩体的南部接触带因受其控制而急剧变陡，形成陡坡或岩凹，花岗岩向南侵入被其阻挡。地表蚀变矿化较弱，向下蚀变矿化逐渐增强。

麒麟山断裂：位于矿田中部，它既是芦塘坝、马吃水两矿段的分界线，又是联系芦塘坝、大箐东两矿段的纽带。断裂走向 N80° W，倾向 NE，倾角 70°~83°。断裂带宽 6~30m 不等，垂直断距 30m，水平断距 100m 左右。断裂走向长 8km，倾斜延伸大于 800m。搓动强烈，有压碎岩、糜棱岩和角砾岩，角砾岩大小悬殊，胶结松散，呈多期活动特征。断裂带及其上下盘蚀变、矿化都较弱。

马吃水断裂：分布在矿田中南部，长大于 6km，倾斜延伸大于 800m，垂直断距约 20m，水平断距约 40m。走向 N70°~85° W，倾向北东，倾角 70°~85°，局部反倾。地表破碎带宽 1~10m，角砾大小不等，棱角分明，显多期活动特征。

高阿断裂：位于马吃水断裂南侧，长约 6km，走向 N65°~85° W，倾向 SW，倾角 75°~88°，局部反倾。断裂带宽 0.5~15m，角砾大小不一，由钙质及铁泥质胶结，地表蚀变矿化弱。切割芦塘坝断裂，水平断距 25m，垂直断距 20m。

背阴山断裂：位于矿田南界，与炸药库断裂组成一断裂带，西至个旧断裂，东至甲介山断裂。长大于 12km，宽 20~160m，近 EW 走向，总体南倾，倾角 70°~80°。角砾岩明显，棱角分明，大小悬殊，胶结松散。地表蚀变矿化很弱。老卡岩体北接触带因其控制而变陡，深部断裂与花岗岩交截部位有硫化矿产出。

上述五个断裂带呈近等距离分布。该组断裂经历了压—右行压扭—左行压扭—张或张扭的力学转变过程，以压性、压扭性为主。

2) NE 向断裂组

NE 向断裂组自西而东有莲花山断裂、大箐南山断裂、芦塘坝断裂、芦塘坝 1#断裂、麒阿西断裂。

莲花山断裂：位于矿田西部，走向 N25°~60°E，NW 倾，倾角 50°~80°，长大于 8km，断裂带宽 5~30m，由糜棱岩和角砾岩组成，断裂面完整光滑，沿走向波状弯曲，可见水平擦痕，具多期活动特征。

大箐南山断裂：位于驼峰山北部，总体走向 N60°~70°E，SE 倾，倾角 70°~85°，长 4km，向北东方向延伸到芦塘坝断裂，向南西方向延伸与驼峰山断裂相交。断裂带宽 0.5~20m，由碎粒岩、角砾岩组成。被北西向断裂切割，断裂带矿化强烈，与北西向断裂交截部位，化探原生晕 Pb、Zn、Ag 异常丰度值高，Pb、Zn 异常值大于 1000ppm①，Sn 大于 50ppm。

芦塘坝断裂：位于矿田中部，是 NE 向断裂中最具代表性的导矿、容矿断裂。断裂总体走向 N35°~45°E，倾向 NW，倾角 45°~88°，长大于 8km，倾斜延深大于 800m，断裂带宽 5~30m，局部 50m、60m，由压裂岩、压碎岩、碎粒岩、糜棱岩和角砾岩等组成，往深部延伸表现为劈理化，具多期活动特征。断裂带地表蚀变矿化较弱，往深部矿化逐渐增强，有零星氧化矿沿断裂产出，断裂两侧有层间氧化矿产出。

芦塘坝 1#断裂：走向 N25°~35°E，倾向 NW，倾角 45°~80°，长 2km，倾斜延深大于 500m。在剖面图上，向上与芦塘坝断裂相交，向下分开，构成“入”字形。上部蚀变矿化较弱，下部增强。还可见到与之平行的小型断裂，其中充填氧化矿含锡较富，是典型的容矿构造。

麒阿西断裂：位于矿田东部，总体走向 N40°~50°E，NW 倾，倾角 65°~88°，长大于 5.5km，断裂带宽 5~30m，由糜棱岩和碎粒岩组成，褪色蚀变强，并有不均匀赤铁矿化，具多期活动特征。

上述五个断层活动强度自西而东减弱，具多期活动特征，经历了左行压扭—张扭—右行压扭的构造活动程序，总体以压扭为主。

3) NW 向断裂组

区域内 NW 向褶皱、断裂不甚发育。仅在区域西南陡岩-水塘一带发育较好，控制了这一地带的矿化，但矿化强度均较弱。区域东北边界白沙冲断裂规模相对较大，是个旧成矿区与蒙自断陷盆地的分界线，未见矿化。但在马拉格、老厂矿田分布的规模较小的 NW 向断裂，有较好的控矿性。在高松矿田内主要有大箐东断裂组、黑蚂石断裂、驼峰山断裂、阿西寨断裂、麒阿断裂。

大箐东断裂组：分布于矿田北部，由大箐东断裂、黑蚂石断裂、六〇八断裂组成，长 2~3km，宽 5~10m，局部 30m。走向 N40°~50°W，NE 倾，倾角 66°~88°。角砾带

① 1ppm=10^{-6}。

明显，具弱赤铁矿化。

黑蚂石断裂：走向N40°W，倾向NE，倾角66°，走向长约2km，破碎带宽5~30m，倾向延深300~500m，具弱赤铁矿化。

驼峰山断裂：位于矿田西南角的驼峰山至石灰窑一带，长2.5km，宽2~10m。走向NW，倾向NE，倾角77°，局部反倾。断裂既显张性特征，又显压扭性特征，具多期活动性，断裂中岩石褪色蚀变强，有弱褐铁矿化和铁锰矿化。

阿西寨断裂：位于矿田东南，长2~3km，宽0.5~30m。角砾大理岩化明显，部分重结晶成为方解石。同时沿断裂尚可见压裂岩、碎粒岩和部分糜棱岩。显多期活动特点。

麒阿断裂：位于矿田东南，长2~3km，宽0.5~30m。角砾大理岩化明显。沿断裂尚可见压裂岩、碎粒岩。显多期活动特点。

以上五个断层活动亦具多期复合结构面，经历右行压扭—张—压或压扭—左行压扭活动程序。以张或张扭为主。

4) SN向断裂组

SN向断裂组主要构造形迹是控制矿田东西边界的个旧断裂和甲介山断裂。其中个旧断裂位于成矿区中部，呈南北向贯穿整个成矿区，将个旧矿区分割为成矿特点截然不同的东西两个部分，西区仅局部产出小规模的矿床、矿化点，而东区则矿化强烈，成规模的大型矿田、矿床均分布在个旧东区。甲介山断裂位于区域东部，是矿集区的东部边界。

沿上述两个纵向断裂均未见矿化，前人认为二者属于纵贯云南全省的南北向小江断裂带南延的分支断裂，是区域内的区划性构造。

综上所述，可以明显地看出，这几组构造的叠加、复合，不仅构成了本区网岩、地层岩性及断裂构造均较西区成矿有利，这三者的有利配置，使得个旧东、西两区的成矿性差异明显。发育东区的五子山复式背斜及其次级褶皱与NE向、近EW向断裂相互配置及其与花岗岩、有利地层的交割关系等，不但为深部岩浆侵位提供了有利空间及成矿作用集中的场所，并对矿田、矿床以至矿体起到了具体的定位作用，个旧东区绝大部分矿床基本上均产于这些有利部位。例如，东区的几个主要大型矿田基本沿五子山复背斜轴部分布，并限制在SN向与近EW向构造交汇而成的“梯子格”内。因此，这些较高级次的构造组合基本控制了各大矿田的位置。除了这些高级次的构造组合之外，一些伴随高级次构造而发育的低级次、小型构造则往往控制了矿体、矿群的产出，如区内不同岩性的交互层发育，因此在褶皱挠曲及其他构造力作用下，易形成沿层展布的层间滑动、层间剥离等构造，同时在NE、NW和近EW向等几组陡倾断裂及节理裂隙构造中往往形成层间条状矿体、管状矿体、层状、透镜状、层脉交叉状及细脉带状矿体等。

具多期活动性，经历张或张扭—左行压扭—右行压扭—挤压活动过程。各主要断层的名称、产状、规模、断距见表5-1(刘春学，2002)。

表 5-1 个旧矿区高松矿田主要断裂产状规模表

组	断裂名称	产状			规模			断距/m
		走向	倾向	倾角	长/km	宽/m	延伸/km	
EW向	个松	N80°E~N80°W	N(W) S(E)	62°~65° 70°~82°	12±	5~30	>2	1500~2000
	麒麟山	N70°~80°W	NE	56°~86°	8±	5~30	>1.5	
	马吃水	N70°~80°W	NE	70°~88°	6±	3~10	>0.5	
	高阿	N70°~80°W	NE	65°~82°	5±	1~5	0.3~0.4	
	背阴山	N70°~80°W	SW	80°~85°	12±	3~30	>0.4	100~400
NE向	莲花山	N25°~60°E	NW	50°~80°	8±	5~30	>1.5	5~250
	大箐南山	N60°~70°E	SE	70°~85°	4±	0.5~20	>2	
	芦塘坝	N40°~45°E	NW	70°~85°	8±	5~30	>1.5	60~200
	芦塘坝 1#	N25°~35°E	NW	45°~80°	2±	2~15	>0.5	
	麒阿西	N45°~55°E	NW	70°~80°	4.5±	5~30	>1.5	50~100
NW向	大箐东	N55°W	NE	77°	3±	5~20	0.3~0.6	
	黑蚂石	N40°N	NE	66°	2±	5~30	0.3~0.5	
	驼峰山	N55°~60°W	NE	77°	2.5±	2~10	0.4~0.5	
	阿西寨	N30°~35°W	SW	70°~85°	2.5±	2~10	0.5	
	麒阿	N15°~20°W	SW	65°~81°	2.5±	5~15	0.3~0.5	

3. 矿床地质特征

矿田内地表无工业矿体出露，仅有赤褐铁矿化。芦塘坝地表有小型锡铅砂矿。岩浆期后热液型锡多金属矿床均为埋藏较深的盲矿，有接触带矿床和层间氧化矿床两类。

接触带矿床：见于高峰山地段，主要为云英岩化含锡钼钨矿床(产于内接触带)、夕卡岩锡石-硫化物矿床(正接触带)，后者有锡铜型和锡铅型两类。矿体赋存于花岗岩体与个旧组 $T_2g_1^5$ 地层接触带中，呈似层状、透镜状、不规则状产出，厚度及品位变化大。总体围绕岩株突起分布，在岩枝和断裂与之交切部位，矿体变富变厚。矿石为细脉状、星点状。

层间氧化矿床：该类矿床是海底喷流-热水沉积作用形成的原始矿源层经过后期花岗岩热液改造而形成的块状硫化物锡铅矿床，主要类型有锡铅矿床、铅锡矿床、铅锌银矿床。矿床按产状形态可分为缓倾斜层状矿体、陡倾斜脉状矿体和层脉交叉状矿体。在高松矿田层间氧化矿床在空间上主要分布于芦塘坝断裂两侧，芦塘坝断裂与芦塘坝 1#断裂夹持带、麒麟山断裂与大箐东断裂夹持带及大箐东断裂上盘(北盘)，呈带状分布，在麒麟山断裂与芦塘坝断裂交截附近，矿体成群成片产出，常与断裂带硫化物锡铅矿床组成层脉相交型矿体，矿体呈平行多层叠瓦状产出，产状与围岩产状基本一致，走向近东西向南倾，倾角 1°~30°，呈层状、似层状、透镜状、长条状。矿体规模大小不等，走向长数十米至数百米，倾向延伸数十米至数百米，最大可达 20m，厚度为 1~10m。西部，矿体赋存于断裂和$T_2g_1^6$地层中，有层状、脉状、层脉交叉状三种矿体，以富锡贫铅、银为特征。芦塘坝断裂东部(下盘)，主要为陡倾斜矿体，受次级断层控制，呈 NEE 向雁行状产出，富铅、银而贫锡，围岩主要为$T_2g_1^5$。单矿体长 60~150m，延深大于 500m，厚 1~10m，一般厚 5~6m。普遍含稀散元素铟。由于矿床产于碳酸盐岩层中的花岗岩外接触带矿床，因此这类矿床的锡石-硫化物矿体一般都已强烈氧化，故称为层间氧化矿床。

4. 地层的物理性质控矿特征

1) 岩石的物理机械性质控矿特征

岩石的物理机械性质，既与原始岩石的性质有关，也与其后期的地质作用有关，特别是构造变动的影响尤为突出，因而岩石所处的构造变动部位也会强烈影响到它们的这些物理机械性质。值得重视的是岩石承受构造变动的能力。白云岩比灰岩性脆，因而在构造变动中易破裂，所以往往微裂隙发育。在矿区内白云岩地层中它们常形成细脉浸染型含锡白云岩矿床，或陡立岩层中的层内脉状矿床。灰岩属负荷性岩石，破坏后易于愈合，故裂隙常不发育。

2) 地层层面岩控矿特征

层理面是层状岩系中固有的最显著的孔隙，它作为一个软弱面，在构造变动中更易于产生层间滑动，在不同岩性组成的互层带，特别是上复负荷性的灰岩下为脆性岩石的互层带更易于形成层间剥离，形成大的空隙，为热液提供良好的运移和沉淀的环境，这是个旧矿区内层间的海底沉积-喷流矿床得到进一步改造的重要原因。

3) 互层带控矿特征

互层带是个旧矿区地层控矿的最主要因素。所谓互层带是指由灰岩、白云岩及其过渡性岩石频繁交替所组成的岩性组合带。上述有利容矿层，大部分属互层带。互层带厚度越大，延伸越稳定，则矿化强度、广度及稳定性越好。T_2g_1段为数百米厚的互层带，如$T_2g_1^2$、$T_2g_1^4$、$T_2g_1^5$、$T_2g_1^6$，其中$T_2g_1^6$是个旧矿区最发育的互层带，也是矿区内的最佳含矿层和最佳容矿层；T_2g_2互层带，厚数十米，层间矿远不及T_2g_1发育；而T_2g_3岩性单一，层间矿不发育。

两种性质差异较大的岩层的转换界面也是有利的容矿部位。这种不同岩性的转换界面，特别是塑性和刚脆性或惰性与活泼性不同的岩石的转换界面，还由于对上侵岩浆的不同阻滞作用，常使岩株周侧形成蘑菇状凹陷带，或塔松式凹陷接触带。T_2g_1地层中因发育这种互层组合，或转换界面，所以凹陷带矿床特别发育(如卡房的蘑菇状凹陷带矿床、竹林的塔松式凹陷带矿床)。T_2g_2、T_2g_3因这种界面不发育，故凹陷带矿床不发育。

第二节　资 料 分 析

在个旧锡矿高松矿田搜集了大、中、小尺度的数据，并用声发射、CT 技术、线性构造提取等技术进行了分析处理。

一、小尺度数据

在个旧锡矿高松矿田采取了岩石样品 35 件，从中选取 12 件岩石样品进行了 CT 扫描，2 件进行了不同压力条件下水的运移试验(彩图 3)，2 件进行了声发射试验。

1. 岩石取样

岩石标本的采集全由手工采集完成，由于本书的侧重点是方向性变量的空间分布，因此采样特别注意样本的空间方向定位。样本的定向方法可分为自然方位法(或水平面定向法)、层面产状要素法及任意面产状要素法。

自然方位法较为直观，亦称作水平面定向法，用于一些层理不清的块状沉积岩、无层面的岩浆岩。层面产状要素法适用于层面清楚而平整的岩层定向。任意面产状要素法用途广泛，自然界存在的大量露头，既不是平整的，也不一定是层面或水平面，无论是解理面、劈理面或其他任意面，都可以用任意面产状要素法进行取样。任意面为水平面的定向方法即为自然方位法，任意面与层面一致时的定向方法，即为层面产状要素法。

研究区域灰质白云岩发育，层理面清楚，故采用层面产状要素法。工作时首先把层面作为标志面，在标志面上画出倾向(或走向)线，倾向线箭头一般向下；而走向线，相对于磁北方向来规定，顺时针方向为正。然后量出倾角的大小，倾角从水平面向下为正，向上为负。为了保险起见，在待采的标本面上多画几条平引线，都标上相应的箭头(图 5-3)。

图 5-3　样本岩石方向标记

采取的岩石样本主要分布在高松矿田 1920、1920、1540、1360m 等中段坑道壁和掌子面上。岩石体积约 20cm×15cm×15cm，每个标本均用棉絮裹好装箱，整个过程做到轻拿轻放，尽可能避免由于人为因素造成岩石的二次损失(图 5-4)。

通往样本采集坑道的矿车

坑道内采集定向标本

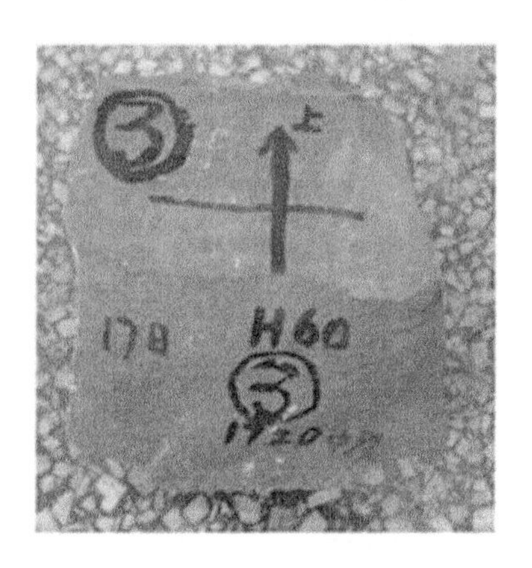

手工采集的定向标本规格及编号

样品测量

样品加工

试验标准样品照片

图 5-4　岩石样品采集过程

各岩样的简单地质描述如下：

岩样 1：杂色块状碎裂岩。样品中可清晰鉴别断层的擦痕和陡坎，岩石碎块主要为灰岩，受断层挤压作用，沿特定的方向破坏。岩石中裂隙发育，主要为剪切类型，仅见极少是方解石脉。

岩样 2：灰色块状灰岩。含有较多的白云质条带及少量的方解石透镜体，方解石结晶颗粒细小，呈白色-浅红色，样品中裂隙发育，沿裂隙发育方解石条带上可见少量的泥质充填物。方解石脉宽度在 0.3m 左右。

岩样 3：紫红色厚层状中粒石英砂岩。样品中石英颗粒肉眼可清晰鉴别，大小均一、结晶完整，为干旱气候条件下滨海环境下的沉积产物。

岩样 4：灰色块状灰岩。含有方解石脉，样品中裂隙较发育，裂隙条带呈深灰色，在裂缝中可见少量褐色泥质充填，风化较严重。

岩样 5：青灰色厚层状粗晶白岩石。含有较多的顺层状方解石脉，方解石脉宽度变化较大，排列规整，间距大多在 0.6cm 左右。除顺层方解石条带外，还发育有第二组裂隙，将第一组裂隙进行切割，该组方解石脉的特点是充填物成分较复杂，除方解石外，尚见少量的石英和泥质，风化比较严重，样品整体性因此受该组裂隙影响大。岩体的破碎主要是受压力的作用影响，而物质成分(主要是指方解石充填形成的方解石脉)，成分差异对岩体破坏影响相对较少。

岩样 6：灰黑色块状灰岩。样品最显著的特点是发育有至少 3 组剪切节理，剪切面上有少量的泥质充填及方解石，方解石风化后呈土红色，受剪切节理影响，标本总体较为破碎。剪切面大多比较平直，延伸≥1.5cm，宽不足 1mm，有些肉眼无法辨别，须借助显微镜观察。

岩样 7：灰白色块状粗晶白云岩。物质组分较复杂，除白云质外，还有少量的灰质及砂质，与白云质一起组成相同的条带，且受后期压力作用，局部发生褶皱。标本中发育有较大的 4 条裂隙，延伸有 4cm 左右，连通性较好。从裂隙的平面分布上推测，裂隙成因应该是物质成分的差异，导致方解石条带首先被风化而形成，也可能是同时沉积形成，表现为方解石细脉呈锯齿状，部分已风化为肉红色的泥质。

岩样 8：灰黑色块状灰岩。标本中发育有 5 条方解石条带，条带宽 0.4cm 左右，长为 1.2~3.5cm。1 号方解石条带为 1.2cm，两端有尖灭现象，隙宽 0.1cm。5 号方解石条带延伸较大，但未彻底分离，胶结较好。

岩样 9：青灰色层状粗晶白云岩。发育一组张性剪理，内部充填方解石，条带宽 0.2cm 左右，节理之间连通性较弱，未对岩体的整体性造成破坏。

岩样 10：青灰色-灰黑色块状夕卡岩。样品中白云岩受后期热液影响较大，白云岩蚀变强烈，蚀变后呈灰黑色，见有 3 组方解石脉，延伸不太稳定，且有相互交叉现象，对岩体造成一定影响。

岩样 11：灰白色-青灰色粗晶白云岩。夹有少量的灰质条带。灰质条带部分可见到已经被风化，轮廓线为锯齿状，含有少量的泥质充填物，具有鸟眼构造，直径在 0.8cm 左右。样品整体性较好。

岩样 12：青灰色厚层状粗晶白云岩。岩石整体性好，肉眼未见有裂隙发育。

岩石样本运到昆明后，依托昆明理工大学西部优势矿产资源高效利用教育部工程研究中心二次采矿及深部开采关键技术试验研究平台，在进行岩样测量后，在室内用切割机切成 12cm×8cm×8cm 的长方体样品。

另外从其中选取了 1540 中段的 4 块较大的岩石样，大小约为 30cm×30cm×15cm，用于声发射(岩样 1 和岩样 3)和水渗透试验(岩样 2 和岩样 4)(图 5-5)。

图 5-5　用于声发射和水渗流试验的岩样

2. CT 扫描

CT 是以计算机为基础对被测体从外部探测信息并进行定量描述的专门技术。Hounsfield(1978)提出并设计出第一台医用 CT，到 20 世纪 70 年代后期，CT 技术开始扩展到土壤物理、机械工程、建筑工程、考古学、核科学、金属分析等许多领域，成为应用日益广泛的一种无损伤探测技术。由于被测体具有不同的物理性质，可以采用多种方法收集与之相关的信息，如机械波、声波、超声波或次声波、各种电磁波(光波、无线电波、X 射线、Y 射线等)、物质流(粒子、气流、液体流等)及其他可测能量，因此可以用在许多研究领域(崔中兴等，2004；宫伟力等，2010；朱红光等，2011)。

在 X 射线穿透物质的过程中，其强度呈指数关系衰减，物质的密度是由物质对 X 射线的衰减系数来体现的，不同的物质对 X 射线的吸收系数不同。Housfield 建立了以纯水 CT 数为 0 的理想图像标准，空气的 CT 数为–1000，而冰的 CT 数为–100。在此标准下，某点对 X 射线的吸收强弱直接用 CT 数表示出来。

$$H_{\text{trip}} = 1000 \times \frac{\mu_{\text{trip}} - \mu_{\text{H}_2\text{O}}}{\mu_{\text{H}_2\text{O}}} \tag{5-1}$$

式中，H_{trip} 为 CT 数；μ_{trip} 为某图像点物体的 X 射线吸收系数；$\mu_{\text{H}_2\text{O}}$ 为纯水的 X 射线吸收系数。

可以看出，如果被测体是仅存在密度 ρ 变化的同一种物质(其单位密度吸收系数为

μ_m，m^3/kg)，则被测物质对 X 射线的吸收系数 $\mu_{trip} = \mu_m \rho$。令 $\mu_{H_2O} = 1$，得 $\rho = \dfrac{\dfrac{H_{trip}}{1000}+1}{\mu_m}$，可见，在已知这种物质的 X 射线单位密度吸收系数 μ_m，CT 数就直接表示了物质的密度 ρ，简言之，CT 图像就是被测体某层面的密度图。物质的密度越大，CT 数越大。

X 射线在穿透物质的过程中，符合一般的吸收定律：

$$I = I_O \exp(-\int \mu_{trip} dl) \tag{5-2}$$

式中，I_O 为 X 射线穿透物体前的光强，$ev/(m^2 \cdot s)$；I 为 X 射线穿透物体后的光强，$ev/(m^2 \cdot s)$；μ_{trip} 为被检测物体的吸收系数；ρ 为物质密度，kg/m^3；l 为射线的穿透长度，m。e 指数的积分形式表示被测体各处的 X 射线吸收系数不一样，经过某路径的 X 射线吸收了一定能量，这一数量被 CT 机探测器收集，用作 CT 反演计算的一系列信息之一。

本次试验使用的 CT 扫描机设备为中国石油勘探开发研究院石油采收率所 2007 年引进的 CT 岩心分析系统，主要由 CT 扫描机、岩心驱替系统、岩心分析软件组成。CT 扫描机为 GE-LightSpeed Plus 系列，属第三代 CT 扫描机，最大特点是通过一个 24 行探测器和一个 16 数据采集系统实现同时获取 16 行扫描数据。CT 应用 X 射线束对物体一定厚度的层面进行扫描，由探测器接收透过该层面的 X 射线，转变为可见光后，由光电转换器转变为电信号，数据采集系统以 1640 次/s 的速度对 16 个探测器中的每个探测器单元取样，同时放大并量化已有电流，然后将生成的数据传送到图像生成器。再经模拟/数字转换器(analog/digital converter)转为数字，数据采集系统(DAS)完成的每个完整取样称为一个视图，重建系统将所有视图转换为矩阵图像。显示处理器获取数字矩阵数据的副本，将其转换为电视灰阶图像在 CRT 监视器显示。生成的图像以 DICOM(Digital Imaging and Communications in Medicine)文件格式存储，经网络传输给数据处理计算机，应用专用岩心分析软件 VoxelCalc NDT Software 进行图像后处理，其流程如图 5-6 所示。

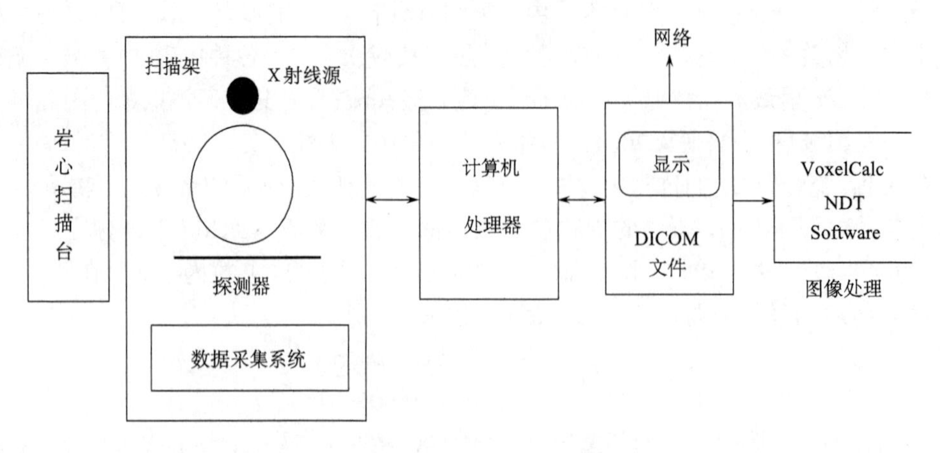

图 5-6　岩心孔隙结构分析流程示意图

本次 CT 扫描试验所用电压为 120kV，扫描电流为 170mA，扫描线间隔为 1.25mm，依次推进对岩样进行全部扫描。

3. 试验结果

本次试验按照岩石的实际产状对岩样进行 CT 扫描，得到了岩样的三维空间网格点上的 CT 数，用 VoxelCalc NDT Software 进行了初步数据处理，得到[*x y z* CTN]格式的元数据。然后用 MATLAB 编写了数据处理程序，对 CT 扫描得到的元数据进行了进一步处理。通过调整各个岩样 CT 数的阈值，CT 数在空间的变化更加明晰，便于观察裂隙的展布(图 5-7、彩图 2)。

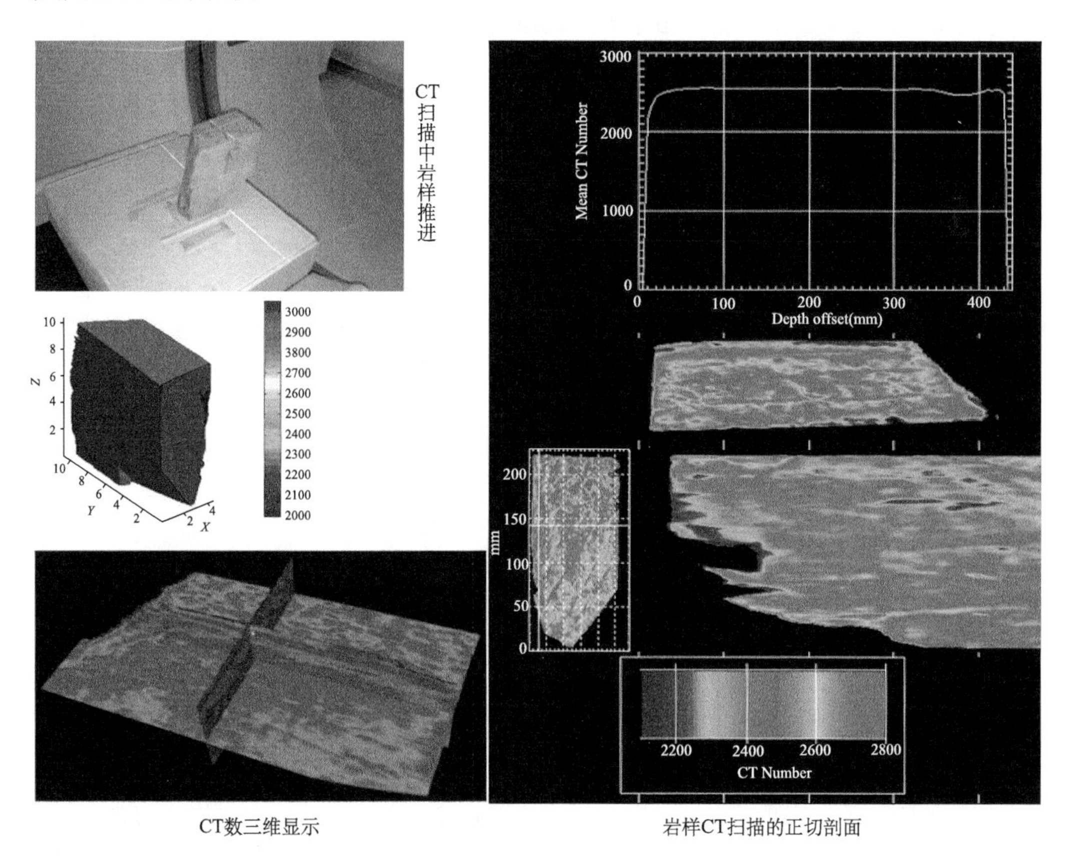

图 5-7　岩石 CT 扫描及结果

4.　水运移测试

1) 孔渗试验

本次试验在对 12 件岩样进行 CT 扫描后，还进行了孔隙度(氦气法)和渗透率测试(图 5-8)。从 12 件岩样各钻取一个柱塞，共计 12 个柱塞样品，柱塞样品的直径为 2.5cm。

用氦气法测量岩样孔隙度 ϕ 的计算公式为

$$\phi = \frac{V_p}{V_b} \times 100\% \tag{5-3}$$

式中，V_p为孔隙体积，cm^3；V_b为总体积，cm^3。

总体积用千分尺等测量工具度量样品的直径和长度计算而得。总体积减去颗粒体积即为孔隙体积。颗粒体积的计算公式为

$$V_{grain} = V_{ref} + V_{matrix} - \frac{P_1}{P_2} V_{ref} \tag{5-4}$$

式中，P_1为参比室中的压力，MPa；V_{ref}为参比室的体积；P_2为氦气扩散进岩心杯后的压力，MPa；V_{matrix}为岩心杯的体积，mL；V_{grain}为样品的颗粒体积，mL。

本次柱塞孔隙度的测试按照中华人民共和国石油天然气行业标准执行，所用的标准为《岩心常规分析方法》(SY/T5336—2006)，所用仪器为氦孔隙度仪 CAT113，为了控制质量，所有样品测试前均在 105℃下烘干至恒重，测试前系统均用已知体积的标准块进行校正。

渗透率的测试主要根据气体渗流的达西定律，计算公式为

$$K = 2000 \frac{P_{atm} \mu Q_a L}{A(P_1^2 - P_2^2)} \tag{5-5}$$

式中，K为渗透率，$10^{-3}\mu m^2$；P_{atm}为大气压，atm①；μ为气体黏度，mPa·s；P_1为进口压力，atm；P_2为出口压力，atm；Q_a为流速，mL；A为截面积，cm^2；L为长度，cm。

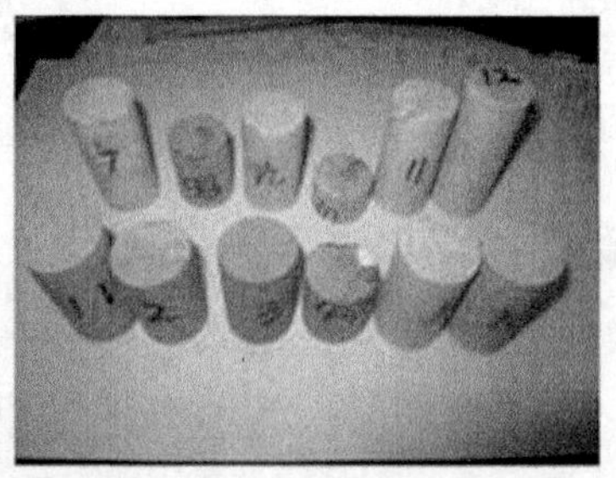

图 5-8　孔渗试验的样品及岩心

本次柱塞渗透率的测试执行中华人民共和国石油天然气行业标准《岩心常规分析方法》(SY/T5336—2006)，所用仪器为岩心公司的高低渗透率仪 CAT112，为了控制质量，所有样品测试前均在 105℃下烘干至恒重，测试前系统均用已知渗透率的标准块进行校正。用 200Psi 环压将样品密封在哈斯勒夹持器中，让干燥的空气稳定地通过样品，测得其进出口压力和空气的流速。

为了便于显示，表 5-2 中列出了 12 件岩样中的部分试样的孔隙度和渗透率测试结果。

① 1atm=1.01325×10^5Pa。

表 5-2　岩样孔隙度、气测渗透率结果(部分)

指标	代号	单位	岩样号							
			1	2	3	4	5	6	7	8
长度	L	cm	4.709	4.126	4.275	3.106	4.889	4.879	5.081	3.071
直径	D	cm	2.509	2.508	2.506	2.506	2.509	2.51	2.506	2.51
截面积	A	cm^2	4.944	4.94	4.932	4.932	4.944	4.948	4.932	4.948
标样体积	V_A	cm^3	24.469	22.85	22.85	16.427	25.661	25.661	26.051	16.427
表读数		cm^3	9.31	8.75	8.44	7.39	7.56	7.91	7.09	7.14
直接测岩样孔隙体积	V_{C1}	cm^3								
	G_D	g/cm^3	2.85	2.82	2.76	2.83	2.72	2.85	2.72	2.7
	V_P	cm^3	2.24	0.4	0.79	0.39	0.18	0.5	0.21	0.02
固体体积	V_S	cm^3	21.04	19.99	20.3	14.92	23.99	23.64	24.85	15.18
总体积	V_t	cm^3	23.28	20.38	21.09	15.32	24.17	24.14	25.06	15.2
孔隙度	ϕ	%	9.6	1.9	3.7	2.6	0.8	2.1	0.8	0.1
岩样质量		g	59.878	56.414	56.062	42.223	65.251	67.419	67.675	41.026
视密度		g/cm^3	2.57	2.77	2.66	2.76	2.7	2.79	2.7	2.7
进口压	P_1	C	4	4	4	4	4	4	4	4
出口压	P_2	Hw	35	14	10	39	77.5	20	9	11
流量	$q(Q)$	cm^3/s	0.1491	0.1491	0.1491	0.1491	0.1491	0.1491	0.1491	0.1491
渗透率	K_a	$10^{-3}\mu m^2$	0.0994	0.0349	0.0258	0.0732	0.229	0.0588	0.0276	0.0204

2) 水渗透试验

本次试验还选取了其中的 2 件(岩样 2 和岩样 4)岩样进行了水渗透试验。其中岩样 2 为青灰色中块状含灰质白云岩、夹黑色硅质条带。样品 4 为较纯的灰白色块状粗晶白云岩，肉眼未见裂隙分布。岩样长度为 5~10cm，对每件岩样钻取了 3 块、共计钻取块 6 块柱塞样品(图 5-9)。

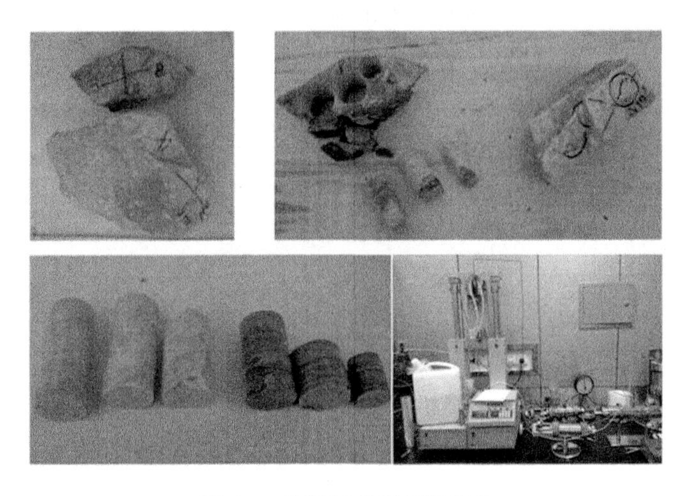

图 5-9　渗流试验岩样机设备

首先对从该2件岩样中钻去的柱塞进行了与上述方法一样的孔隙度和渗透率测试，得到的结果见表5-3。

表5-3　岩样的孔隙度和渗透率结果

指标	代号	单位	岩样号					
			1	2	3	4	5	6
长度	L	cm	9.536	7.195	8.885	7.027	4.122	3.63
直径	D	cm	3.8	3.796	3.82	3.797	3.795	2.515
截面积	A	cm^2	11.341	11.317	11.461	11.323	11.311	4.968
标样体积	V_A	cm^3	109.252	82.957	103.145	82.957	46.9	19.272
表读数		cm^3	10.96	10.96	10.96	13.4	9.26	7.06
直接测岩样孔隙体积	V_{C1}	cm^3						
	G_D	g/cm^3	2.74	2.73	2.71	2.78	2.77	2.77
	V_P	cm^3	1.43	1.01	1.22	1.61	0.55	0.38
固体体积	V_S	cm^3	106.71	80.42	100.61	77.96	46.07	17.66
总体积	V_t	cm^3	108.15	81.43	101.83	79.57	46.63	18.03
孔隙度	ϕ	%	1.3	1.2	1.2	2	1.2	2.1
岩样质量		g	291.947	219.442	272.343	216.956	127.85	48.953
视密度		g/cm^3	2.7	2.69	2.67	2.73	2.74	2.71
渗透率	K_a	$10^{-3}\mu m^2$	0.00429	0.00762	0.00531	0.835	0.0214	0.0419

然后进行了水渗透率试验。试验流程包括：岩心抽真空，饱和地层水；岩心放入夹持器中，实验围压30MPa，地层水渗流恒定压力为20MPa。具体得到的试验结果见　　表5-4。

表5-4　岩样的水渗透试验结果

序号	长度/cm	面积/cm^2	黏度/(mPa·s)	速度/(mL/min)	压力/MPa	液测渗透率/mD
01	9.536	11.341	1.12	0.00028	20.0000	0.000022
02	7.195	11.317	1.12	0.00029	20.0000	0.000017
03	8.885	11.461	1.12	0.00030	20.0000	0.000022
04	7.027	11.323	1.12	0.00140	20.0000	0.000082
05	4.122	11.311	1.12	0.00133	20.0000	0.000046
06	3.630	4.968	1.12	0.00074	20.0000	0.000051

二、中尺度数据

实地调研了个旧锡矿、广西大厂锡矿的裂隙网络资料，搜集了勘探报告8本、坑道编录纸质资料30余本，矿山坑道编录软件一个，搜集了矿山各主要中段的电子版地质图件。与矿山工作人员进行了交流和探讨，深入了解裂隙的自然分布特性和对矿山生产建设的影响。利用搜集的地质资料构建了研究区范围内的底层三维分布模型，对矿区的底层系统进行了详细分析。

1. 坑道裂隙数据

通过整理搜集到的坑道裂隙编录资料，共整理录入了个旧高松矿田1360~1950中段近20个高程的裂隙资料，范围覆盖了白龙井、大箐东、芦塘坝、马吃水、高峰山等几乎所有矿段坑口，根据总长度约5463m的7条矿山生产坑道编录共搜集整理了12212条节理、裂隙、裂隙带等样本裂隙数据，分布在1360、1540、1600、1720、1920等中段。通过用MATLAB编程，所有控制裂隙位置的测点和裂隙显示如图5-10，可见所搜集的裂坑道裂隙主要分布在垂直800m、东西4000m、南北5000m的范围内。坑道主要呈NE和NW向水平展布，只有2条斜井，因此样本裂隙的产状多为垂直和陡倾斜，较少水平和缓倾斜。

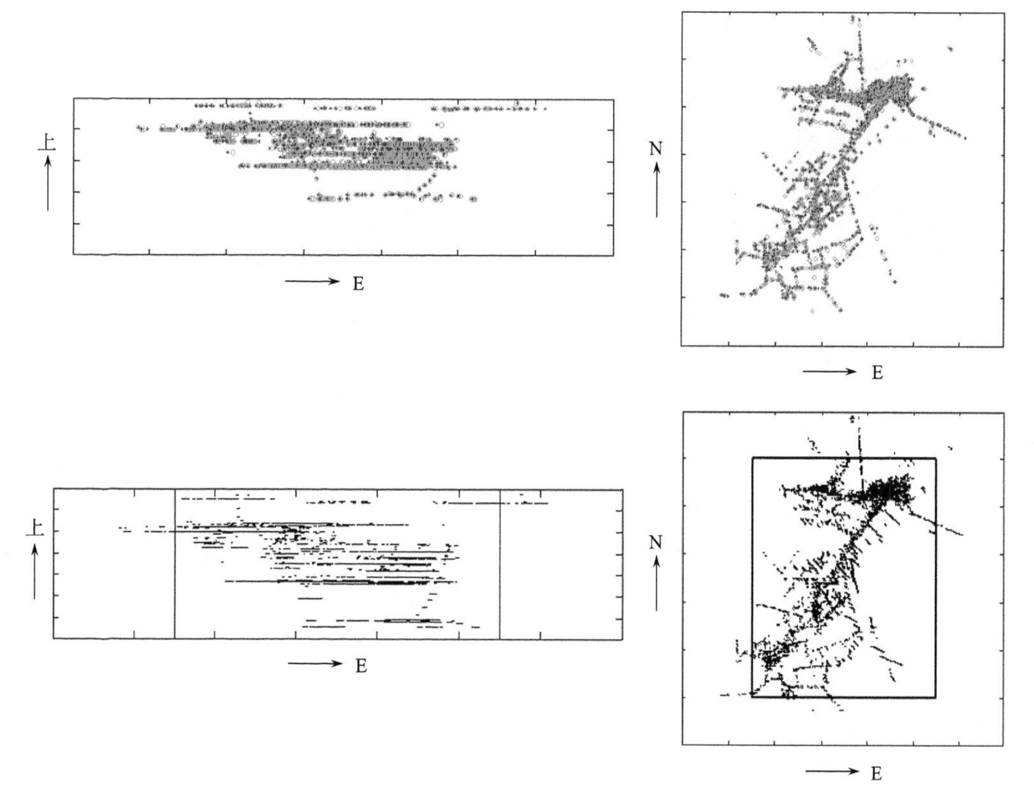

图5-10　高松矿田样本裂隙三维空间分布图

虽然裂隙的方向偏差可以在一定假设前提下进行校正，但得到的结果差别不大，因此可以直接利用样本裂隙数据模拟裂隙的三维空间分布。由于坑道长度(几千米)与其直径(一般为3m)相比很大，因此裂隙坑道编录中获得的裂隙可以看做是一维裂隙数据。在一定的假设前提下，即把含有裂隙的空间单元小格子看做可以代表坑道高度大小(或更大)

的空间范围的支撑，坑道中获得的裂隙可以看做是三维点状裂隙样本。关于这一点，许多研究中均有论述，也存在一定的争论，但是实践中在多数情况下都默认为坑道裂隙可以被看做三维空间的样本。

2. 裂隙迹线裂隙

在高松矿田共计编录测量了 1988.77m 长的坑道壁(1928.77m)和公路壁(60m)，从中获得了 947 条裂隙迹线，其中坑道壁和公路壁的高度为 3m。裂隙迹长最长为 13.58m，最短为 0.05m，平均为 2.15m，方差为 1.35。地表观测面积为 60m×100m，获得裂隙迹线(主要是断层)77 条，其中裂隙迹长最大值为 28.77m，最小值为 0m，平均为 9.92m，方差为 5.55。裂隙迹线长度的频率直方图和累计分布如图 5-11 所示。

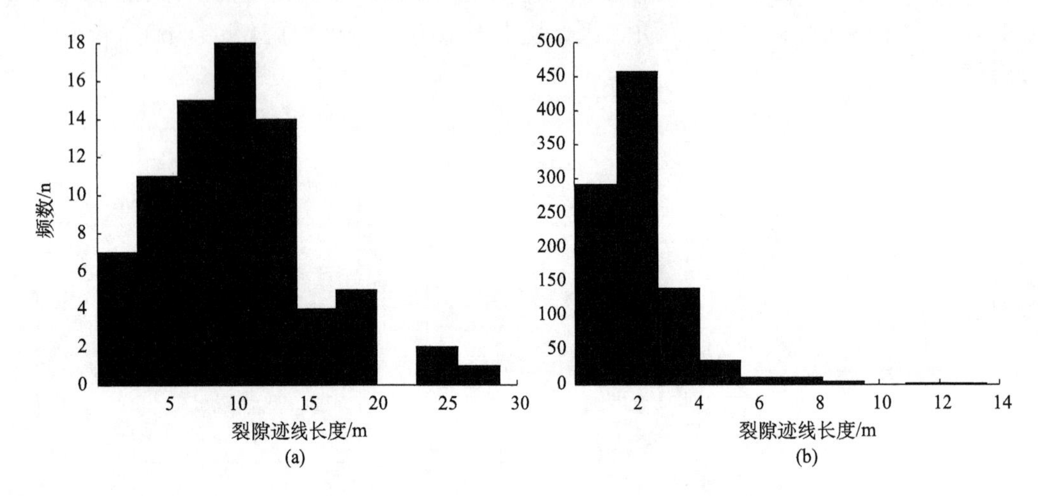

图 5-11　实测地表和坑道裂隙迹线长度频率分布图

(a)实测地表；(b)坑道

从图中可见，地表裂隙迹线长度的分布接近正态分布，坑道裂隙迹线长度分布服从对数正态分布，具有代表性，可以用于裂隙网络模拟的研究。由于观测范围的局限(坑道壁高度仅为 3m，地表面积仅为 60m×100m)，观测到的坑道裂隙迹线长度分布主要集中在 2m 左右、地表裂隙迹线的长度主要集中在 10m 左右，因此获得的坑道壁裂隙迹线长度数据大小只能做米级的裂隙二维样本使用，样本数目也较多，可以认为能够满足跨尺度联系研究的需要。而地表裂隙迹线长度大小勉强可以看做 10m 级的裂隙二维样本数据，而样本数目又比较少，用作跨尺度研究具有一定的局限性。

三、大尺度数据

本书搜集和购买了个旧锡矿区及高松矿田范围内 1∶50000~1∶1000 比例尺的各种地形图 65 幅，DEM 数据(25m×25m)4 幅，ASTGTM 数据 2 幅。

综合地形图和遥感卫星图像，建立了高松矿田的地形数据库。

四、岩石声发射分析

个旧矿区高松矿田发育大量的白云岩，其力学性质不但与矿体的空间分布有关，同时直接影响着采矿安全，因此研究白云岩的破坏过程是一项必不可少的工作。岩石受力破坏的过程是其内部微破裂萌生、扩展和断裂的过程，声发射技术则为之提供了一条有效的分析测试途径。

岩石的声发射特性与其变形过程有内在联系，多年来，许多研究者在建立某种岩石的声发射特性与应力-应变全过程曲线之间的相关关系方面，做了大量的探索，得到了一些有价值的结果。但是，岩石是一种天然材料，因其形成环境条件、矿物成分及组成结构、胶结物的不同，并且后期所受到的地质构造作用也不尽相同，必然有不同的结构。这就意味着岩石受力破坏的过程是其内部微破裂萌生、扩展和断裂的过程。裂隙扩展造成应力弛豫，储存的部分能量以弹性波的形式突然释放出来，产生声发射。岩石的每一个声发射信号都包含着反映岩石内部缺陷性质的丰富信息，对这些信息加以处理分析和研究，可以推断岩石内部的性态变化。因此，开展单轴受压岩石破坏全过程声发射特征研究，揭示岩石破裂过程与声发射参数之间的关系，有助于进一步认识岩石的破坏机理，提出合理的岩石破坏的前兆判据。

对岩石声发射机制的研究，现有文献资料主要集中在以下 4 种：岩石(体)内微观结构的水平错位和塑性变形；岩石(体)内新裂隙的产生和已有裂隙的扩展、断裂；岩石(体)沿微观裂隙整体滑动或已有破裂面的滑动；岩石体内即存磁场的磁性效应(秦四清、李追鼎，1991；付小敏，2005；姚改焕等，2006；季明等，2008)。

1. 岩石取样

关于声发射试验所用岩样 2 件(岩样 1 和岩样 3)，取自个旧锡矿高松矿田芦塘坝矿段 1540m 中段，样品整体完整性较差，具有明显的各向异性。

采集样品岩性主要为灰色-深灰色中厚层状微晶、泥晶含灰质白云岩和藻白云岩互层，夹大小不等的同生角砾状白云岩、亮晶核形石白云岩和含白云质灰岩透镜体，同生角砾岩成分主要是含纹层石白云岩角砾，大小为几厘米至十几厘米，不规则状结构在风化面显示更为清晰。水平层理、微波层理及斜层理均有。另有较多的鸟眼及溶蚀小孔，孔径 0.3~1.0cm，被后期方解石充填。具锡、铅矿化，局部较强(图 5-12)。

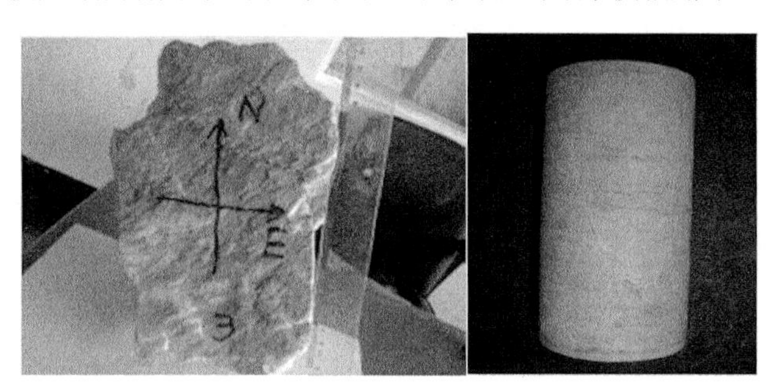

图 5-12　岩石样品及岩石试件

2. 声发射测试

从声发射源发射的弹性波最终传播到达材料的表面，引起可以用声发射传感器探测的表面位移，这些探测器将材料的机械振动转换为电信号，然后再被放大、处理和记录。根据观察到的声发射信号进行分析与推断以了解材料产生声发射的机制。目前声发射研究的主要方法有波形分析法、计数法、幅度分析法、能量分析法等，本书采用幅度分析法。

信号峰值幅度和幅度分布是一种可以反映声发射源信息的处理方式，信号幅度与材料中产生发射源的强度有直接关系，而幅度分布与材料的形变机制有关。通过应用对数放大器，既可对声发射大信号，也可对声发射小信号进行精确的峰值幅度测量。

由于试样 1 中裂隙过度发育，难以制成采取岩心，本书仅用试样 3 进行了声发射试验。按国际岩石力学试验规范，采用岩石钻石机采取岩心，加工成直径 5cm、高 10cm 的圆柱体 3 件，试样两端面平行度、平直度和垂直度均符合《水利水电工程岩石试验规程》(SL264—2001)的要求，以免岩样在加载过程中受到偏压造成应力集中而产生不正常声发射，影响试验结果。

本书的试验在长江科学院水利部岩土力学与工程重点实验室完成，试验采用加载控制系统和声发射监测系统两套装置。试验加载设备为 MTS851 型液压伺服岩石力学试验机，按规范，试验中加载速度保持在 0.3~0.5MPa/s，加载直至试样破坏。试验过程中计算机同步绘制岩石全应力-应变曲线，测量岩石在变形破坏全过程中的声发射信号、载荷、变形及时间等参数。声发射监测装置为美国物理声学公司(PAC)生产的 SAMOS 声发射系统，由传感器、放大器和数据处理系统 3 部分组成。使用的传感器为 R6I AST 一体化探头，主频 200kHz。通过对岩体直剪过程中声发射信号的多通道高速采集、数据处理和实时分析，可以直接统计单位时间内的振铃计数、事件计数、声发射能率等声发射指标。

本书在单轴压缩状态下得到的典型单轴压缩试验、声发射信号曲线如图 5-13 所示。

在全部试验岩样中，大部分岩石受力变形的特点大体上相近，都是经历初始压密、弹性、塑性和峰后破坏 4 个阶段。在初始压密阶段，应力-应变曲线斜率缓慢增大，反映岩石试样内微裂缝逐渐压密，体积缩小。本次试验进一步观察了白云岩在峰值点前的受力变形特点，发现有的岩样在达到 140MPa 之后，出现一段应力增长减缓，而相对应的应变量明显增加的塑性变形阶段，这个阶段在荷载-位移图上很明显。特别是试件 2 这个阶段的持续时间较长。具有这种特点的岩石，其在这一阶段的声发射出现明显的相对平静现象。

单轴压缩试验结果分析表明：岩石峰值强度前，在弹性阶段的前期、后期和塑性阶段的前期是声发射事件明显增加期；在弹性阶段的中期，声发射事件比较稳定，本次试验结果体现了这些特点。白云岩在加载初期有不同程度的声发射活动，较低应力致使试件内已存裂隙闭合，在微裂隙闭合过程中，裂隙粗糙面的挤压破坏产生声发射。试件 1 小事件数较多，声发射率大，而试件 2 较小，这与试件 2 较试件 1 裂隙发育相吻合。随着荷载的逐步增加，试件 1 在荷载小于峰值荷载的 80%范围内，试件 2 在荷载小于峰值

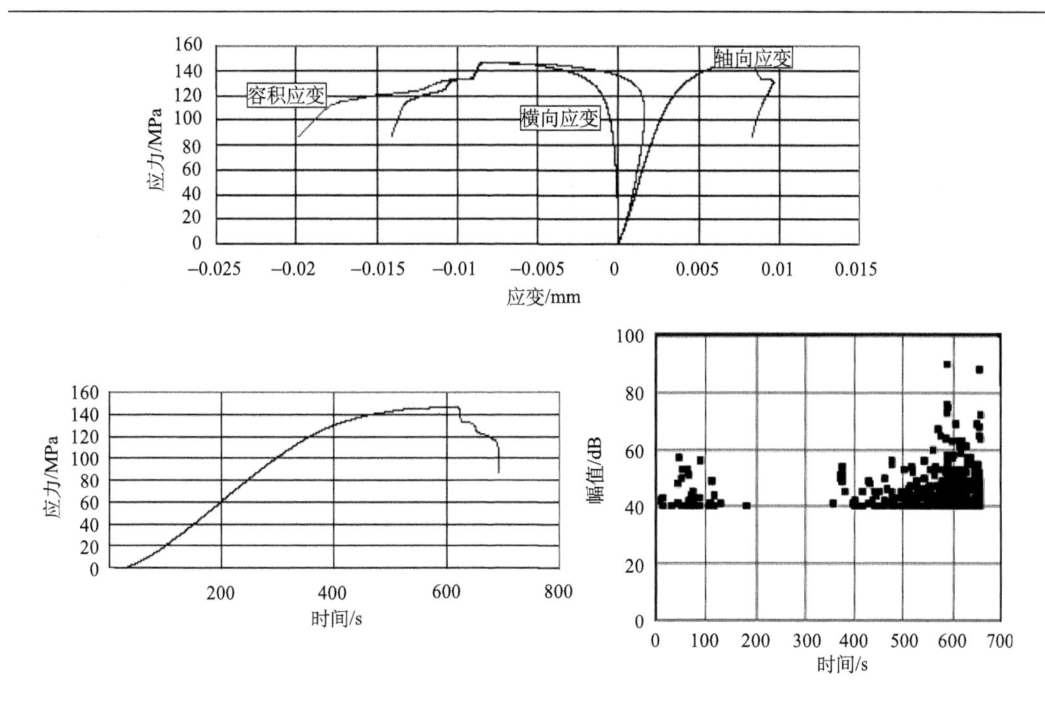

图 5-13　白云岩声发射时间关系典型试验图

荷载的 90%范围内，试样声发射活动较弱。在此阶段内，岩石试件内的应力还不足以使岩石试样内形成新的裂隙，因此岩石试样的应力-应变保持线性关系。

但因岩石试样内部局部闭合裂隙表面会发生相对滑移，在试验过程中可监测到较低的声发射现象。当试件 1 荷载达到岩石强度的 80%，试件 2 达到 90%时，声发射白云岩试样内产生新裂隙，试样出现扩容现象。此时，岩样声发射幅值达到较高峰值。在此之后继续加载，声发射活动进入一个高峰期。此时，岩样中裂隙之间的相互作用加剧，某些微裂隙发生聚合、贯通，导致岩石断裂面形成，声发射率急剧增加。在试验中，多数试件在临近破坏时(峰值强度的 90%)声发射活动异常活跃，且声发射幅值在试件破坏时均达到最大值。

3. 结论

由以上试验分析可见，高松矿田白云岩试样声发射信号产生的快慢、强弱及其变化过程均与岩石内部节理、裂隙的发展有密切关系。结合试验岩样的应力-应变曲线可以看到，岩石声发射活动与岩石的体积变形存在一定的内在联系(加载初期除外)。当应力超过强度值的 90%时，声发射活动明显加剧，岩石体积开始膨胀；在试样临近破坏时，声发射频率和能率均急剧增加，并一直持续到岩石破裂。声发射活动与岩石体积膨胀两者变化相一致说明岩石内部微裂隙的形成与原有裂隙的扩展是造成声发射活动与体积变化的内部要素。在试验过程中还发现岩石的均匀性、致密程度，以及岩样的平行度等对声发射规律有显著影响。岩石均匀性差，内部结构疏松，且平整度不高的岩样，其声发射事件显著且出现的较早，声发射幅值水平较高。

第三节　小尺度裂隙网络模拟

能够对岩石裂隙进行三维观测的主要技术方法，如核磁共振(NMR)、X 射线扫描(CT)、γ射线扫描和同步加速器(synchrotron)等，均只能对小尺度的岩石裂隙进行观测。因此利用三维小尺度裂隙数据可以探讨裂隙属性的跨维数转换。即从三维观测的小尺度裂隙中抽取部分剖面，整理其中的二维裂隙迹线数据，据此分析裂隙属性(如长度、密度、方向等)的跨维数转换，并与三维裂隙的实际分布进行比较，可以发现裂隙跨尺度转换过程中存在的问题，进而修改完善裂隙的跨维数转换理论和方法。

本书以高松矿田采取的岩样为研究对象，根据二维 CT 扫描数据中获得的裂隙迹线特征，利用前述的裂隙跨维数转换方法分析裂隙属性的三维特征，探讨裂隙跨维数理论和方法的不足，并对之进行修改和完善。

一、样本裂隙提取

本书所用的小尺度裂隙数据取自样本岩石的 CT 扫描图像，以及实际观测的公路壁和坑道壁上的裂隙迹线资料。

1. 岩石样本

个旧锡矿高松矿田地层以卡房段（T_2g_1），广泛发育白云质灰岩、石灰岩与灰质白云岩、白云岩、灰岩、生物碎屑灰岩、鲕状、泥晶灰岩、瘤状灰岩。白云岩比灰岩性脆，因而在构造变动中易破裂，所以往往微裂隙发育。灰岩属负荷性岩石，破坏后易于愈合，故裂隙常不发育。

2. 裂隙迹线提取

图像信息的提取是一个比较专门和复杂的课题，实用中必须根据要解决的问题加以讨论。一般来说，在 CT 图像中可以提取的信息包括：①图像的分布特征。感兴趣区的CT 数、CT 数方差(离散程度)，面积及位置测量是一种最常用的数据分析方法，经常锁定一些区域观侧 CT 数和其方差随试验进展的变化，准确地掌握试验发生的内部结构变化，具有较高的准确性和可重复性。由于选定了一定大小区域的统计结果，减小了 CT 空间分辨率的不足，有时在还没有看出一些变化时即可从这些量的变化感觉到内部物质变化，相对精度达到千分之几。从 CT 数及其方差正负变化的组合情况，可以确定试样内部发生变化的类型和程度,并由此判断试件整体或某个部位处于压密还是裂纹扩展等，如 CT 数下降而其方差上升即可判定裂纹的扩展，因此是十分有价值的基本方法。②图像的方向特征。岩石试样中经常有某些节理构造，在 CT 图像中表现为某些方向的明暗条纹，对图像的处理可以显化这一结构，确定该区域内的裂隙方向、宽度、长宽比等信息。③图像的其他特征。除了按照正态分布的方差运算外，还可以求解某个区域或线段的直方图，或以其他模式进行统计特征运算。

用于小尺度裂隙网络模拟研究的裂隙数据除了实际观测的迹线外，另外一部分资料利用 MATLAB 编写的辅助程序从 CT 扫描图像中提取了相关的裂隙数据(图 5-14)。从 12 件岩样的 CT 扫描图像中提取了 50 个水平剖面，岩样水平剖面的大小多数为 60mm×80mm。从中提取了 284 条裂隙迹线，其中最长为 64.1mm，最短为 1.1mm，平均为 16.69mm，方差为 12.33mm，集中在 10mm 左右。

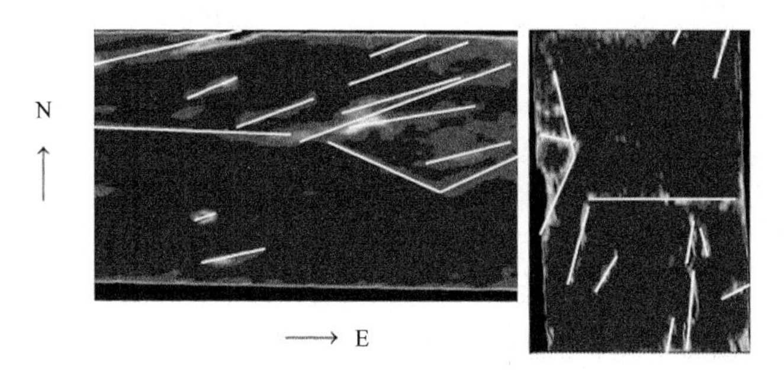

图 5-14　岩样 CT 图像裂隙提取

裂隙迹线长度的频率直方图如图 5-15 所示。可见岩样剖面中的裂隙迹线长度分布遵从对数正态分布，与一般研究中的发现一致。在考虑取样偏差后，为了研究的简便，可以认为迹线长度分布服从幂次律分布，即将较短的裂隙迹线长度省去，与一般的裂隙观察一致，从而可以用前述的理论方法进行分析。

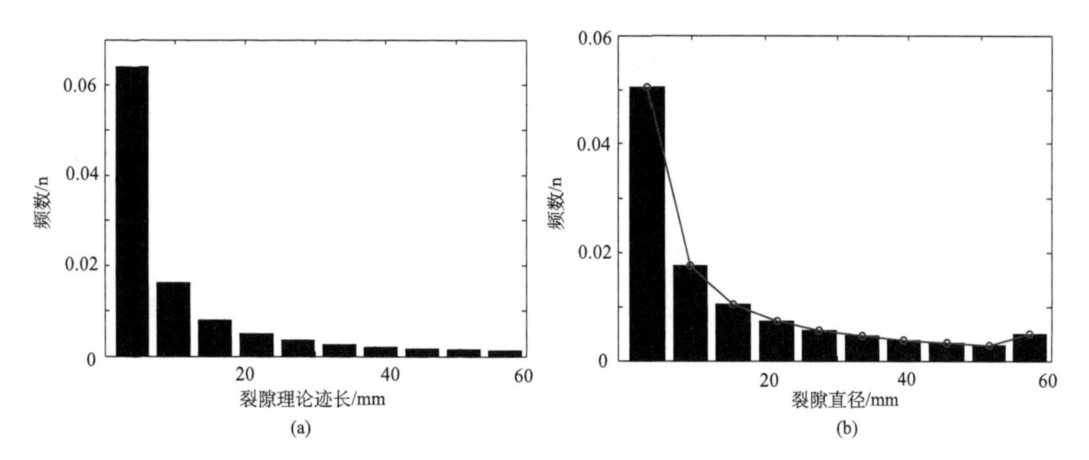

图 5-15　岩样裂隙理论迹长及裂隙直径分布频率图

(a)裂隙理论迹长；(b)裂隙直径

二、裂隙网络模拟

为了模拟小尺度裂隙的三维空间网络，需要根据裂隙迹线的属性(长度、密度、方向)数据，求出其对应的三维空间中的裂隙属性。假设裂隙为三维空间均匀分布的圆盘，其直径服从幂律分布。

1. 长度

根据前面的理论分析，三维裂隙直径的平均值可以利用迹线密度的计算公式：

$$<\varphi>=\begin{cases}\dfrac{\alpha}{2-a}(\varphi_M^{2-a}-\varphi_m^{2-a}) & a\neq 2\\ \alpha\log\dfrac{\varphi_M}{\varphi_m} & a=2\end{cases} \tag{5-6}$$

式中，$\alpha=\dfrac{a-1}{\varphi_m^{1-a}-\varphi_M^{1-a}}$（$a\neq 1$）和 $\alpha=\dfrac{1}{\log\dfrac{\varphi_M}{\varphi_m}}$（$a=1$）；$\varphi_M$ 和 φ_m 分别为裂隙直径的最大和最小值；$<\varphi>$ 为裂隙直径的平均值；a 为指数；α 为常数系数；$h(\varphi)$ 为裂隙直径分布。

根据裂隙迹线长度的分布曲线的形状，a 为 2.5，φ_M 为 60，φ_m 为 1。

得到裂隙直径的平均值 $<\varphi>$ 为 2.6mm。

进而可以根据公式 $g(c)=\beta c^{-b}$ 可以就得 β 为 0.51，$b=a-1$ 为 1.5。

据此可以得到裂隙迹线长度的理论分布，进而利用公式

$$\frac{h(\varphi)}{<\varphi>}=\frac{2g(c)}{\sqrt{\pi}c}\frac{\Gamma\left(\dfrac{a+1}{2}\right)}{\Gamma\left(\dfrac{a}{2}\right)} \tag{5-7}$$

可以求出裂隙直径的分布，如图 5-15 所示。从图中可见，裂隙直径分布的均值和中位值均较裂隙迹线长度要大，符合预期的设想。

2. 密度

裂隙迹线的密度 Σ_t 为单位面积内的迹线数，其与三维体密度 ρ 之间的关系为

$$\Sigma_t=\frac{\pi}{4}\rho\int\varphi h(\varphi)\mathrm{d}\varphi \tag{5-8}$$

根据所选取的岩样的水平剖面，计算得到了各个剖面的裂隙迹线密度，求得其平均值为 0.14 条/cm^2。由于 $\int\varphi h(\varphi)\mathrm{d}\varphi$ 可以看做是裂隙直径的平均值，根据前面的计算，可以简单得到裂隙的体密度为 0.19 条/cm^2。

3. 方向

根据方向跨维数转换的理论方法，假设裂隙方向的空间分布遵从 Fisher 分布，每组裂隙都有一个均值，裂隙方向围绕着这个均值分布，参数 K 用来生成这些离散值。

所用的裂隙迹线源自岩样的水平剖面，其走向可以认为是正北(0°)，倾角是 90°。以水平剖面的正北方向为起始方向，得到了水平剖面上各裂隙迹线的射线角度 θ_{rake}，其频率分布如图 5-16 所示。

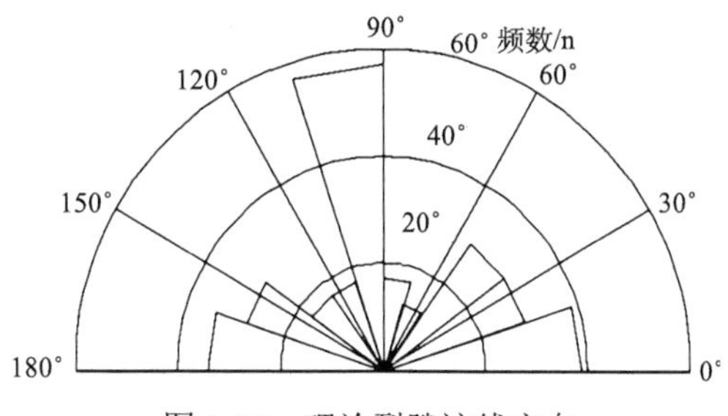

图 5-16　理论裂隙迹线方向

从图中可见裂隙迹线的射线角明显可以分为 3 组，据此将裂隙迹线的射线角分为了三组，各组的均值分别为在 25°、95°、157°附近。

依据裂隙丛聚规律，节理面倾向取值为[0，2π]，倾角范围为[0，π/2]，K 取值一般为[10，300]。根据公式

$$f(\theta)=\frac{Ke^{K\cos(\theta)}}{2\pi(e^{K}-e^{-K})} \tag{5-9}$$

计算出 K 值分别等于 20、50、100、150、200 时 Fisher 分布，得到了各组符合 Fisher 分布裂隙方向。利用模拟退后算法进行最优拟合，由于使计算时间限制，给定的容许误差值 0.0001，计算循环的最大次数为 100 万次(图 5-17)。

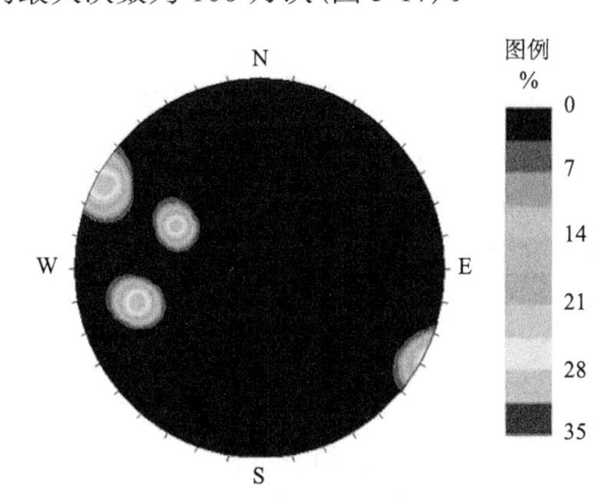

图 5-17　岩样裂隙方向分布的极点图

对计算得到的结果与实际三维裂隙的分布进行了比较，认为 K 值为 200，参数 A、B、C 所占的权重分别取 70%、30%和 0%时，求得的结果较好，见表 5-5。

表 5-5　裂隙痕迹模拟结果

裂隙组别	裂隙数目	迹线平均倾角 θ_{rake}/(°)	平均倾角标准方差(SD)	剖面		K 值	估算裂隙面产状	
				倾向/(°)	倾角/(°)		倾向/(°)	倾角/(°)
1	101	25	0.28	90	0	200	298.32	86.38
2	96	95	0.23	90	0	200		
3	87	157	0.29	90	0	200	255.77	68.01

4. 裂隙迹线属性之间的关系

计算得到了裂隙迹线的射线角方向、长度、隙宽之间的关系，如图 5-18 所示。

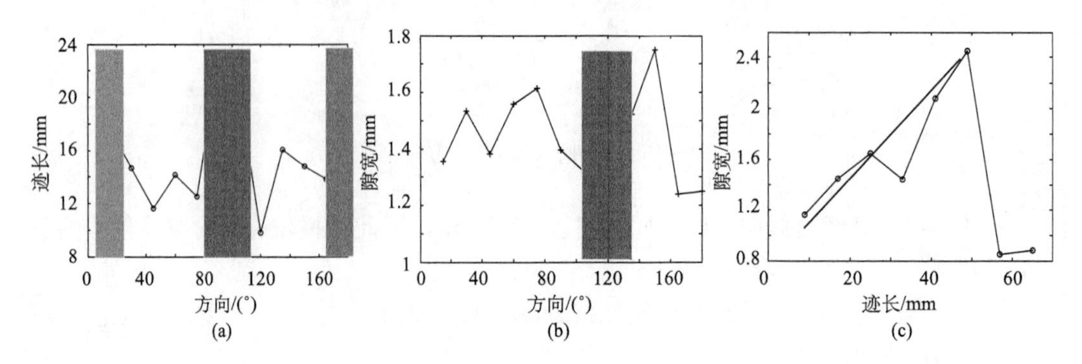

图 5-18　岩样属性关系图

(a)方向-迹长关系图；(b)方向-隙宽关系图；(c)迹长-隙宽关系图

可以看到裂隙迹线长度大的数值集中在 95°、20°、180°方向，即近 EW、近 SN、NNE 方向，而近 EW 方向的裂隙迹线长度相对更长。这高度相似于高松矿田的主要大型断裂多为近 EW 向(个松断裂、麒麟山断裂、马吃水断裂、高阿断裂、背阴山断裂)、近 SN、NNE 向(莲花山断裂、芦塘坝断裂、麒阿西断裂)，近 EW 向的断裂更多、更长，是矿田的控制性构造。裂隙在大尺度上的断裂构造模式与小尺度岩石样品中的裂隙模式具有较好的一致性，反映了高松矿田裂隙网络高度尺度不变性。

裂隙宽度与裂隙迹线射线角之间的关系主要表现为在 120°方向的(即 SE-NW 方向)裂隙宽度较低。这与 NW 向的阿西寨向斜、NW 向断裂为压扭性断裂的走向高度一致，显示了较好的尺度相似性。

裂隙迹线长度与裂隙宽度之间表现出了较好的近似线性的关系，与其他研究者报告的规律一致。虽然在裂隙迹线长度大于 50mm 以后的突然下降，失去规律性，但是考虑到样本裂隙迹线主要来自于 60mm×80mm 的岩石样本，因此长度大于 60mm 的数据可以不予考虑。裂隙迹线长度与宽度之间的线性拟合公式为

$$\text{TraceLength} = 0.0533\,\text{Aperture} \tag{5-10}$$

三、结果及分析

通过比较以上结论与实际观测到的裂隙的三维空间属性之间的关系，以及与高松矿田宏观构造的对比，可以看出：

(1) 建议的方法可以较好地实现裂隙属性(密度、长度、方向)的跨维数转换，且能较好地体现实际裂隙分空间分布，与大尺度的裂隙网络模式之间有较好的对应关系，可以在实践中应用。

(2) 通过比较裂隙平均直径、迹长的值与最大最小直径的比值，可以看出裂隙直径大于裂隙迹长，且与最大裂隙直径和最小裂隙直径的比值没有关系，说明该方法在理论上

是可行的。

(3)不足的是不能较好地模拟裂隙的空间位置分布，需要进一步放宽假设条件，改进理论构架和计算机实现算法。

第四节　中尺度裂隙网络模拟

作为应用，理论方法被用于模拟个旧锡矿高松矿田岩石裂隙网络的空间分布。高松矿田位于个旧锡矿东矿区北部，是云南锡业集团的主要生产矿山之一。

一、矿田构造

高松矿田处于矿区的五子山复背斜北段，夹持于NS向个旧断裂、甲介山断裂与EW向个松断裂、背阴山断裂之间，地质条件复杂。地表无矿体出露，仅在芦塘坝、马吃水、高峰山三个地段的深部找到锡多金属矿床，总体沿NE向芦塘坝断裂呈带状分布。高松矿区主要出露中生代二叠系和三叠系地层，以白云岩、白云质灰岩为主，另有古近系和新近系泥岩、第四系残坡积物零星出露。

褶皱构造有近EW向对门山-阿西寨向斜、NNW向驼峰山背斜等。断裂构造可以分为EW、NE、NW、SN四组，其中以近EW向和NE向为主，NW向次之。EW向断裂自北而南有个松断裂、麒麟山断裂、马吃水断裂、高阿断裂、背阴山断裂，呈近等距离分布，其中个松断裂和背阴山断裂规模较大，麒麟山断裂次之。NE向断裂自西而东有莲花山断裂、芦塘坝断裂、麒阿西断裂。NW向断裂组主要为大箐东断裂、黑蚂石断裂、驼峰山断裂、阿西寨断裂、麒阿断裂。SN向断裂不发育(图5-2)。

构造是影响个旧锡矿高松矿田矿体产出的重要因素之一。五子山复式背斜及其次级褶皱与NE向、近EW向断裂相互配置及其与花岗岩、有利地层的交割关系等，不但为深部岩浆侵位提供了有利空间及成矿作用集中的场所，并对矿田、矿床以至矿体起到了具体的定位作用(於崇文、蒋耀淞，1990；庄永秋等，1996；刘春学等，2003)。

二、裂隙网络模拟

1. 样本裂隙数据

在高松矿田芦塘坝附近约4km×5km×0.8km的范围内，根据总长度约5463m的7条矿山生产坑道编录共搜集整理了12212条节理、裂隙、裂隙带等样本裂隙数据，分布在1360、1540、1600、1720、1920等中段。坑道主要呈NE和NW方向水平展布，只有2条斜井，因此样本裂隙的产状多为垂直和陡倾斜，较少水平和缓倾斜。虽然裂隙的方向偏差可以在一定假设前提下进行校正，但得到的结果差别不大，因此直接利用样本裂隙数据模拟裂隙的三维空间分布。根据坑道和样本裂隙的空间分布区域，限定研究区域的范围为 4000m(EW)×5000m(EW)×600m(Vertical)，待估单元格子大小设定为100m×100m×25m(图5-19)。

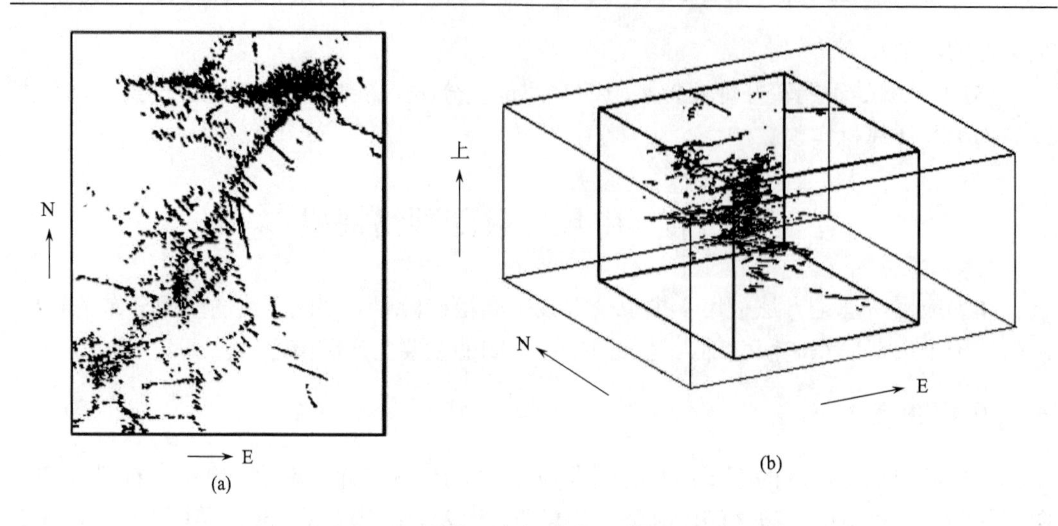

图 5-19 样本裂隙位置俯视图和立体图

(a)俯视图；(b)立体图

2. 裂隙位置模拟

既然裂隙密度由单位长度内的裂隙数目决定，那么长度单位在计算裂隙密度时就非常重要，并且影响计算得到的裂隙密度是否适用于普通克里格模型。实际上，分别以 5m 和 10m 计算了裂隙密度，从其频率分布图来看，两种裂隙密度均服从对数正态分布。但从其变异函数图(图 5-20)和交叉验证系数来看，以 10m 为单位的裂隙密度的变异函数具有较大的变程和拱高，得到的交叉验证系数也较大。因此，选取以 10m 为单位计算裂隙密度，计算了其在 NE、NS 和垂直三个方向上的变异函数，同时计算了其在无方向情况下的变异函数。从变异函数的形状及其交叉验证系数来看，无方向变异函数可以提供较好的估计精度，这也说明裂隙密度可以认为是各向同性的。以裂隙密度的各向同性变异函数模型为基础，使用 SGS 方法估计了裂隙密度的空间分布(彩图 4)。在每个待估格子上，利用随机函数产生与估计的裂隙密度数值一样的裂隙个数。

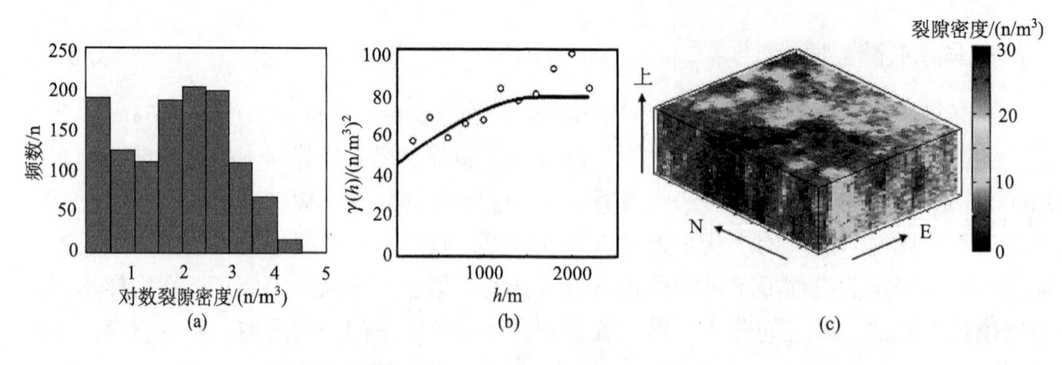

图 5-20 样本裂隙密度频率图、变异函数图及估计裂隙密度空间分布图

(a)密度频率图；(b)变异函数图；(c)空间分布图

3. 裂隙方向模拟

裂隙方向由走向(α)和倾角(β)构成，表示为(α，β)，其中走向的范围为 0~π，倾角的范围为 0~π/2。从个旧锡矿高松矿田搜集到的裂隙样本来看(图 5-21、彩图 4)，裂隙走向主要为 NW 向，NE 向次之；倾角较大，多在 π/4 以上。

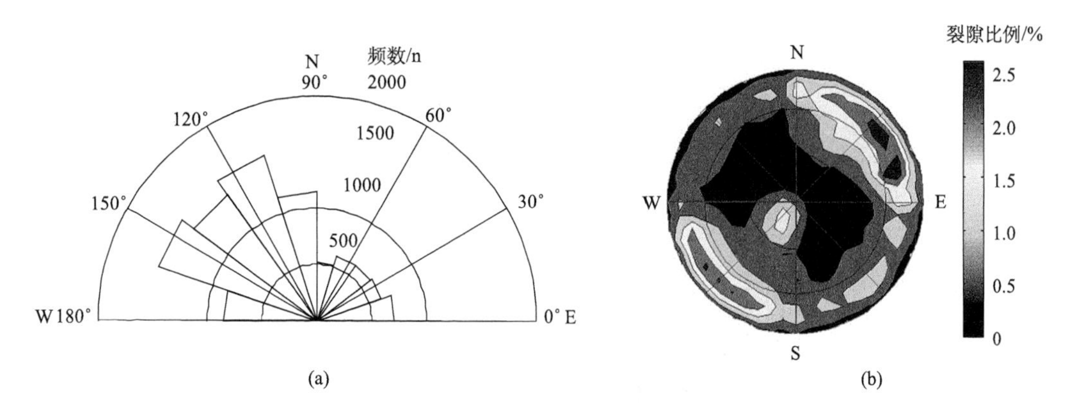

图 5-21　样本裂隙方向频率分布图及极点图

(a)频率分布图；(b)极点图

首先裂隙方向在走向(0~2π)和倾角(0~π/2)范围内被分为 16 个相等的方向组。但由于各方向组内的裂隙数目太少，很难计算变异函数，因此为了使各方向组内都能有合理的裂隙数目，将裂隙方向分为了 8 组。

$$G_1\left\{0\leqslant\alpha<\frac{\pi}{4},0<\beta\leqslant\frac{\pi}{2}\right\}\quad G_2\left\{\frac{\pi}{4}\leqslant\alpha<\frac{\pi}{2},0<\beta\leqslant\frac{\pi}{2}\right\}\quad G_3\left\{\frac{\pi}{2}\leqslant\alpha<\frac{3\pi}{4},0<\beta\leqslant\frac{\pi}{2}\right\}$$

$$G_4\left\{\frac{3\pi}{4}\leqslant\alpha<\pi,0<\beta\leqslant\frac{\pi}{2}\right\}\quad G_5\left\{\pi\leqslant\alpha<\frac{5\pi}{4},0<\beta\leqslant\frac{\pi}{2}\right\}\quad G_6\left\{\frac{5\pi}{4}\leqslant\alpha<\frac{3\pi}{2},0<\beta\leqslant\frac{\pi}{2}\right\}$$

$$G_7\left\{\frac{3\pi}{2}\leqslant\alpha<\frac{7\pi}{4},0<\beta\leqslant\frac{\pi}{2}\right\}\quad G_8\left\{\frac{7\pi}{4}\leqslant\alpha<2\pi,0<\beta\leqslant\frac{\pi}{2}\right\}$$

对应 8 个方向组，每个裂隙方向均被转换为由 8 个二值数字(0 和 1)组成的指示形式，如样本裂隙方向(π/8，π/4)被转换成(1 0 0 0 0 0 0 0)。利用 PCA 分析指示变量，求出指示值的主成分，进而计算各个主成分的实验变异函数(图 5-22)，并用球状变异函数模型模拟出理论变异函数。根据模拟得到的理论变异函数，利用普通克里格方法计算各个主成分的空间分布。将待估点上估计的主成分值反演为包含 8 个数值的指示形式，其中最大值对应的方向组作为该点裂隙方向所属的组，根据该方向组内样本裂隙走向和倾角的实验 CDF，用随机函数产生该裂隙的方向。

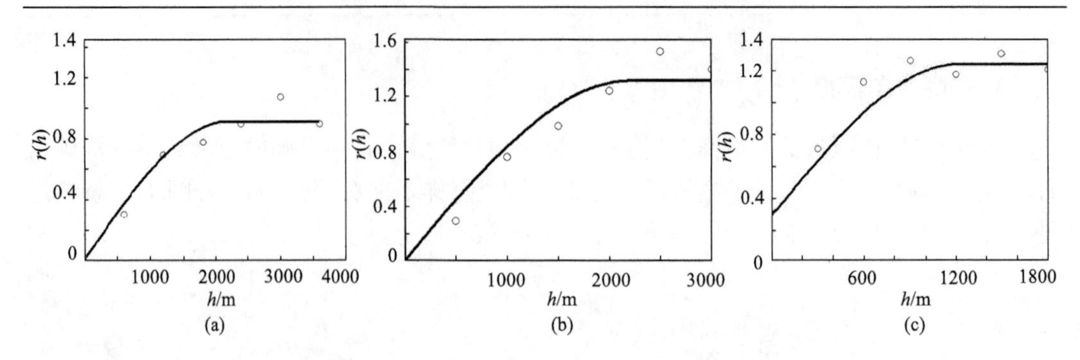

图 5-22　样本裂隙方向主成分的变异函数图

(a)主成分 1；(b)主成分 2；(c)主成分 3

4. 裂隙元连接

根据上述方法估计得到的裂隙位置和裂隙方向，可以确定基本的裂隙元，进而可以将空间分布接近的裂隙元连接为一个裂隙面。用空间面表示裂隙，可以根据下列距离和角度的标准将相近的裂隙元连接起来：

$D_{is} \leqslant P_D$；D_{is}为两个裂隙面之间的距离；P_D为允许长度。

$\varphi \leqslant P_A$；φ为两个裂隙面之间的夹角；P_A为允许角度。

将连接的裂隙投影到由其平均走向和倾角决定的平面中，并将裂隙元的投影点连接为多边形(图 5-23)。对于孤立的裂隙根据其走向和倾角表示成直径为 10m 的圆盘。

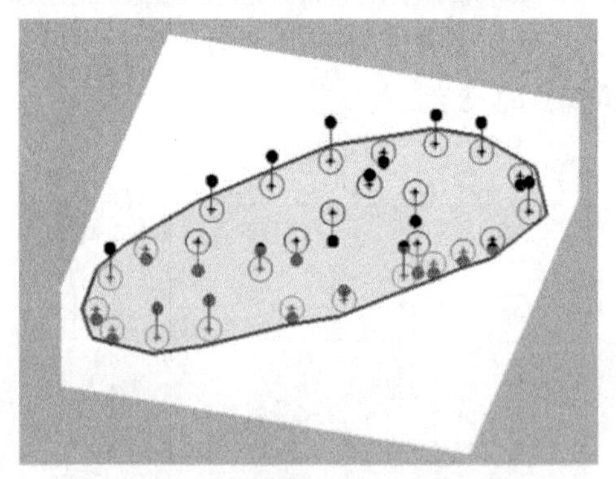

图 5-23　裂隙元连接示意图

图 5-24 显示了那些包含 60 个裂隙元的裂隙面，不同的裂隙面用不同颜色表示(彩图 5)。

5. 结果及讨论

根据裂隙网络模拟及连接的结果，可以看出，大裂隙面(包含 60 个以上裂隙元)的空间分布与地表观察到的大断裂之间具有较好的吻合关系，体现了整个研究区的断裂分布特征，可以较明显地看出断裂走向的变化。

模拟得到的大裂隙面主要集中在研究区的中部和北东部，多数呈 NW 向展布，与研究区 NW 向断裂发育的情况一致；NW 向的裂隙面较少，主要出现在研究区的南部，与

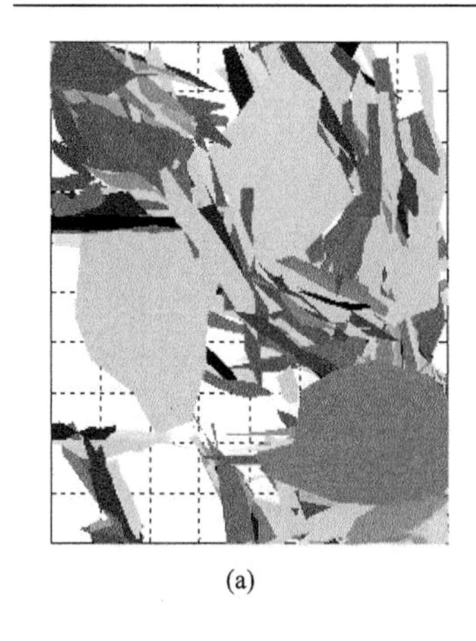

(a)

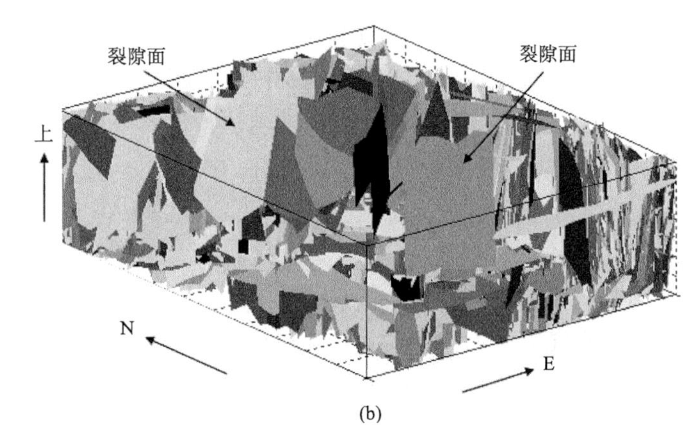

(b)

图 5-24　高松矿田裂隙网络空间分布俯视图和立体图

(a)俯视图；(b)立体图

背阴山断裂比较吻合；NS 向的裂隙面在研究区的中部和北东部出现，需要进一步分析研究区 NS 向的实测断裂；另外模拟结果中还有倾角较缓的裂隙面出现，值得开展进一步实地考察工作。但由于样本裂隙数据的采样偏差，NE 向的裂隙面很少，只有在研究区的东南部出现了产状平缓的 NE 向裂隙面。

三、结果及分析

利用 SGS 模拟裂隙位置的空间分布、利用主成分分析和普通克里格法模拟裂隙方向的空间分布，可以较合适地模拟裂隙的空间分布，且能同时考虑裂隙的方向。从个旧锡矿高松矿田白云岩中的实际应用结果来看，模拟裂隙与实际裂隙之间无论在空间位置上，还是在方向的频率分布上都具有较好的对应关系。

SGS 方法比较适合模拟裂隙的位置，可以较好地结合普通克里格法的趋势性和随机过程的变化性。PCA 可以合理地模拟裂隙方向的空间分布，可以较好地体现裂隙方向的非均匀性，从模拟裂隙显示的主要方向来看，与实际断裂的空间展布方向一致。

第五节　大尺度裂隙网络模拟

断裂、断层等地质构造在地球科学中具有重要的作用，控制着地下流体(矿液、地下水、油气等)的运移和矿产资源的空间赋存，直接影响岩石的稳定性和地下空间开发利用的安全性，因此掌握断裂的空间分布对于矿产资源预测和开发都具有重要意义。传统的野外地质工作，由于其观测视域局限，对于区域断裂构造分布构架的认识具有显然的局限性。而遥感影像则由于其观测区域广阔，能客观、真实、全面地记录总体和个体断裂(层)形迹的地表几何形态及其物理特征，信息量大且连续性好，为研究断裂总体的空间分布，甚至地下隐伏构造提供了充分的信息。

线性构造即断层、连续性好的节理、岩脉、地质界线等地质薄弱区域由于侵蚀形成的线状地貌，在卫星遥感影像上表现为一种线性的色调变化，通常作为亮线、暗线或边缘线出现在卫星图像上。利用卫星影像数据，主要是阴影数据和数值地形模型(Digital Terrain Model, DEM)数据，通过对遥感影像像素色调变化的分析，可以解译和提取出这种线性构造(lineament)，推测断裂的分布、走向，甚至倾斜角度，分析线性构造分布与矿床分布之间的关系，构建矿床成因模型、地质演化模型。

多年来，国内外学者应用多源、多尺度遥感影像(Landsat TM、SPOT 等)资料及其组合，尝试用多种方法(Hough 变换、边缘追踪等)对线性构造的解译进行了研究，获得了较多的研究成果，但多数方法是基于数字滤波器(如拉普拉斯、Sobel 等算子)的边缘过滤技术，在对比度低的区域难以有效进行线性构造的提取，如那些与太阳照射方向平行的及山脉阴影区域内的线性构造。同时线性构造自动提取中仍存在诸多的技术问题，难以对遥感影像进行批量处理分析，对遥感影像应用的开发还需要进一步加强。本书以线段追踪法(Segment Tracing Algorithm，STA)(Koike et al.，1995)为基础，对之应用地质统计学中的变异函数进行修正，然后针对云南个旧锡矿东矿区，采用 DEM 数据进行遥感影像的线性构造解译。

一、矿区构造

个旧锡矿位于云南省东南部的个旧市，是世界最大的锡多金属矿区之一，南北向的个旧断裂纵贯个旧锡矿区，将矿区为东西两个矿区。

东矿区内分布五子山复背斜一级褶皱，NWW 或 EW 方向的二级褶皱横跨其上，NE 向和近 EW 向断裂发育，近 EW 向断裂控制了个旧锡矿东矿区的五大矿田，即马拉格矿田、松树脚矿田、高松矿田、老厂矿田和卡房矿田(图 5-25)。个旧锡矿东矿区内断裂十分发育，较高级次的构造组合基本控制了矿田的位置，一些伴随高级次构造而发育的低级次、小型构造则往往控制了矿体的产出。矿区内的断裂按照其延伸方向，可以分为 NE、EW、NE 和 NS 四组。NE 向断裂延伸一般为 20~40km，约呈等间距分布；同时在五子山复背斜轴部断裂带中分布一系列平行的 NE 向断裂，其延伸一般为 3~5km，宽数米至 20~30m，包括芦塘坝断裂、莲花山断裂等。东西向断裂一般倾角陡，从 50°到近于直立，主要有个松断裂、背阴山断裂、蒙子庙断裂、老熊洞断裂、仙人洞断裂、龙树脚断裂、白龙断裂等。NW 向断裂不太发育，一条规模较大的 NW 向白沙断裂斜切矿区东北角，构成矿区东北的边界，其他的有大小凹塘断裂、豺狗洞断裂、黄茅山断裂。NS 向断裂主要有个旧断裂和甲介山断裂，属于矿区的区划性构造。

二、线性构造提取

目前为止，根据卫星影像提取线性构造的意义、方法等方面的相关研究较多。线性构造即断层、连续性好的节理、岩脉、地质界线等地质薄弱区域由于侵蚀形成的线状地貌。

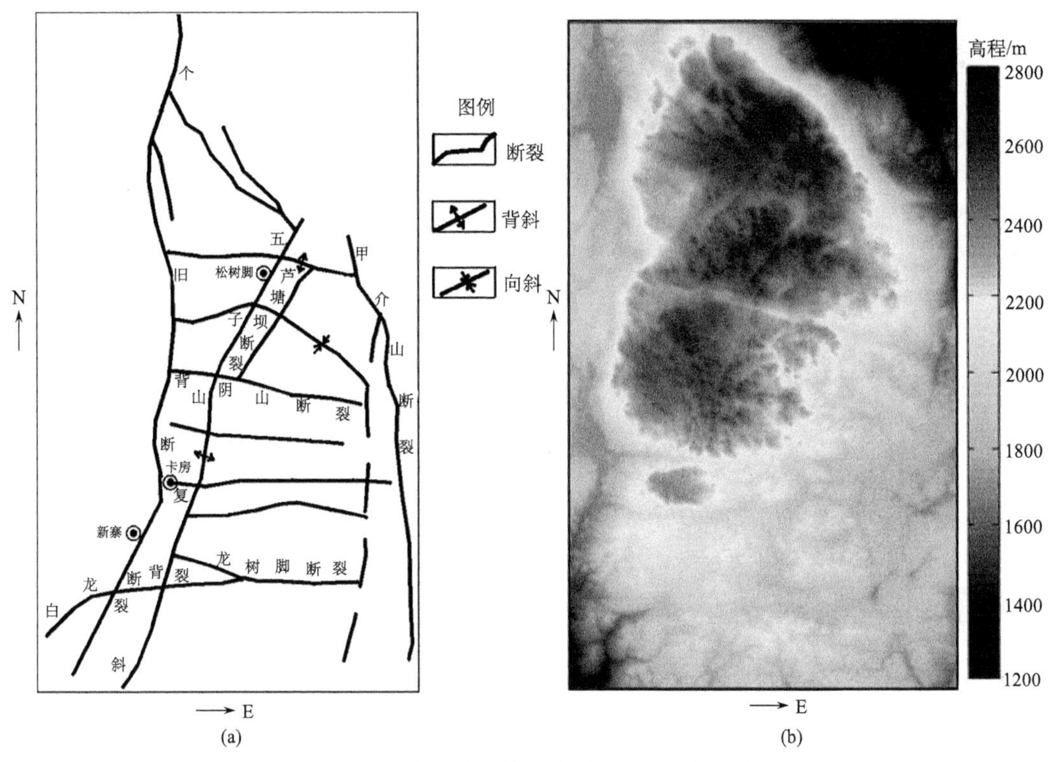

图 5-25　个旧地区构造略图及 DEM 地形图

(a)构造略图；(b)DEM 地形图

1. 图像预处理

对于大多数卫星遥感影像来说，在进行线性构造提取之前，需要对图像进行预处理。一般可以采用中值滤波使图像光滑和除去大部分噪声；同时为了使图像的线性特征更加明显，可以使用多种方法组合不同的波段和线性特征信息，如主成分分析、波段比值及其综合等。

2. 边缘跟踪算法

可以利用边缘追踪图像搜索(Edge Following as Graph Searching，EFGS)算法，从预处理过的图像中识别边缘信息。包括 3 个主要步骤：

(1)通过“边缘运算”获取边缘的大小和方向。此运算可用来确定在图像的灰度值发生最大变化的位置及变化的方向，提取出的边缘、亮线和暗线取决于线性特征在图像上的显示。

(2)边缘特征起始点的确定。边缘起始点选择算法可确认那些最明显的边缘线，它们往往是线性构造的一部分。

(3)最后应用 EFGS 算法来搜索图像中的所有边缘特征，进而沿着每个边缘起始点形成一个个图。在正在搜索的曲线中每条弧线都需要一定的费用。这个费用是边缘大小、方向及搜索方向的函数。

EFGS 算法可概括为以下几点：①接受全部起始点作为边缘元素。②如果没有更多的起始点，则停止执行否则，指定下一个起始点作为当前的节点。③如果在当前节点的搜索方向前没有邻接点，则停止，返回②步。④计算在搜索方向上连接当前节点每一个它的邻接点的弧线的费用。接受最小费用的邻接点作为下一个边缘。如果没有任何邻接点可接受，返回到②步；否则，指定这个邻接点作为下一个当前节点和从前一个当前节点到这个节点的弧线方向作为它的搜索方向，返回到④的开始处。

3. Hough 变换

通过 EFGS 算法获得的边缘图像包含边缘像元值 1 和背景像元值 0。线性特征提取问题是如何确定共线或接近共线边缘像元值的存在，可以测试图像中所有两点连成的线来解决这个问题。然而如果有 n 个像元，当 n 值很大时，这种计算会很费时或不可能。

Hough 1962 年提出了一种有效的计算程序来对图像中线性特征进行提取，包括 Hough 变换、局部最大值的发现、反 Hough 变换及直线剖面分析几个步骤。

1) 基本原理

图形平面上的所有直线的集合可组成一个双参数系，若固定一个参数，那么任意直线可以用参数空间的一个点来表示。

直线方程可以通过“标准参数化”（角度 θ 和距离 ρ）表示：

$$x\cos\theta + y\sin\theta = \rho \tag{5-11}$$

若限定 $\theta \in [0, \pi]$，则直线的标准参数是唯一的。在这一约束下，每条在 x - y 平面的直线与 θ - ρ 平面的一个唯一的点相对应。

假设，有一个由 n 个接近共线的边缘点组成的集合 $\{(x_1, y_1), \cdots, (x_n, y_n)\}$，需要找出一组直线来拟合这些点，可以将点 (x_1, y_1) 转换到 θ - ρ 平面上的正弦曲线。定义为

$$\rho = x_i \cos\theta + y_i \sin\theta \tag{5-12}$$

通过这一转换，可以看出共线性边缘点的曲线有一个共同的交叉点。在 θ - ρ 平面上的点 θ_0 - ρ_0 定义了通过共线点的线。因而提取共线点的问题将转化为寻找共交一点的曲线问题。同样也可以建立点到曲线的双重特性转换。假设在 θ_0 - ρ_0 平面有一组点 $\{(\theta_1, \rho_1), \cdots, (\theta_k, \rho_k)\}$ 的集合全部位于以下曲线上：

$$\rho = x_0 \cos\theta + y_0 \cos\theta \tag{5-13}$$

可以看出，这些点 (θ_r, ρ_r) 与平面 x-y 上通过 (x_0, y_0) 的直线相对应。

2) 直线提取

为减少计算时间，设定在 θ 和 ρ 内的允许误差，并将平面 θ - ρ 划分为 4 个象限。这一量化设置值域为 $0 \leqslant \theta < \pi$，$-R \leqslant \rho < R$。这种量化区被看作是一个二维的参数平面累计数组。对于每一个在图形平面上的点 (x_1, y_1)，通过公式(5-12)得到相应的 θ - ρ 曲线。通过沿曲线上的每个点的累加计数而加进了这一参数数组。因而，在二维参数数组中一

个指定的元素的值最终记录了通过这一点的全部曲线数。

处理了所有边缘点以后，在累计数组中可以找出有高计数的点。换句话说，前面的问题转化为寻找在累计器数组中的局部最大值。为了仅提取长线和去除噪声，通过目视解译而选择确定一个阈值。这些局部最大值应取得比设定的阈值高。

搜寻到了在累计器数组中的局部最大值后，按照参数可画出这些直线，即反 Hough 变换。对于在累计器数组中的点 (θ,ρ)，可以通过以下等式重建直线：

$$yi = (\rho / \sin\theta) - \text{xictan}\,\theta \qquad \theta \neq 0°, \quad \theta \neq 180° \tag{5-14}$$

3) 剖面分析识别线段

在一景图像内的线性特征不一定从图像的一边延伸到图像的另一边。它们以相对反差大的线段出现。要定位这些线段，需要检测位于通过 Hough 变换提取的线上的原始图像的像元。这一过程可以通过研究 EFGS 算法获得的像元的边缘大小和方向来获得。

若假定一条带宽度为 3 个像元，它可以表示为

$$\begin{aligned} &m_e(x_k(i), y_k(i)) \qquad k = 1,2,3 \\ &d_e(x_k(i), y_k(i)) \qquad k = 1,2,3 \end{aligned} \tag{5-15}$$

式中，m_e 为边缘的大小；d_e 为边缘的方向；$i = 1, 2, \cdots, l$。

设条带的方向为 d_2（$d_2 \in \{1, 2, \cdots, 8\}$）。这样在以下的条件下可形成一条剖面线。

设 $me\{x_{k0}(i), y_{k0}(i)\} = \max\{m_e(x_k(i), y_k(i))\}$，则

若 $|d_e(x_{k0}(i), y_{k0}(i)) - d_2| > 1, \text{Profile}(k) = 0$

若 $m_e(x_{k0}(i), y_{k0}(i)) = 0, \text{Profile}(k) = 0$

否则 $\text{Profile}(k) = 1$

线性地质特征在原始图像上一般是不连续的，然而如果它们接近到一定程度，位于同一线上的线段可以连接到一起。换句话说，在这一提取直线的算法中我们允许在一条线上存在缝隙。使用者可以设置它们允许的缝隙大小。

假设允许这种缝隙的大小为 S_g(间隔的像元数)。若缝隙大小小于 S_g，可以在轮廓线中充填这种缝隙，最后完成整个线性特征图。

4. 线素追踪算法

在以上方法的基础上，提出线素追踪算法(Koikee et al.，1995)，其主要利用以下两个公式求出直线谷地的位置。首先用 $z(x)$ 表示像素 x 上的 DN 值，$z(x+h)$ 表示通过 x、角度为 θ 的直线上的 DN 值，则 DN 的连续性可以用其偏差 $\varepsilon(x)$ 来评价。

$$\varepsilon(x) = \int_{-a}^{a} w(x+h)\{z(x) - z(x+h)\}^2 \mathrm{d}h \tag{5-16}$$

式中，$w(x)$ 为像素 x 对应的权重系数；h 为距 x 的距离；a 为计算对象的距离范围。$w(x)$ 是为了加强距离 x 近的像素的作用，强调距离 x 临近的像素与 x 上的像素 DN 值的差别。

$z(x)$ 的变化率用其二次微分的平方与其比值来表示，以使明亮区域与阴暗区域的变

化率具有同等重要的考虑，具体见下式：

$$\lambda = \frac{\{\mathrm{d}^2 z(x) / \mathrm{d}x^2\}^2}{z(x)} \tag{5-17}$$

若 λ 大于以 x 和 θ 为变量的阈函数 $T(x,\theta)$ 的值，则像素 x 作为线素保留。

具体来说线素追踪算法可以分为 5 步，详细说明如下：

1) 搜索 DN 的连续方向

以某一像素为中心设置一个 11×11 像素的小窗口，并从中心设置 16 个搜索方向(图 5-26)。

当 ε 最小时，该方向($k_{\min}$)可以作为 DN 连续性好的方向

$$\varepsilon = \sum_{i=-5}^{5} w_i (z_0 - z_i)^2 \qquad w_i = \cos(i\pi / 20) \tag{5-18}$$

式中，$i = 0$ 表示中心像素。通过像素 DN 的偏差表示线性构造，在某种程度上需要更大的窗口。综合考虑线性构造的搜索精度、计算耗用时间，选用 11×11 像素的窗口。

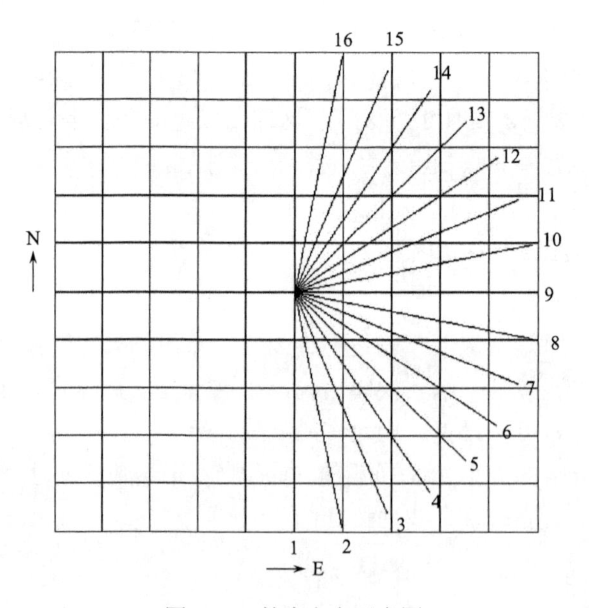

图 5-26　搜索方向示意图

2) 线素判别

利用与 $k_{\min}$ 直交的方向($k_{\max}$)上的像素 DN 值，可以求出 2 次微分演算式：

$$\Lambda = \sum_{i=-4}^{4} \lambda_i = \sum_{i=-4}^{4} \frac{(z_{i+1} - 2z_i + z_{i-1})^2}{z_i} \tag{5-19}$$

用 ν 和 σ 表示 Λ 的平均值和标准偏差。若 λ_0 大于阈值 T，则该中心像素作为线素保留，记此像素为 p。

$$T = \nu + \mu\sigma, \quad \mu = \frac{\varphi_1}{1+(\eta-1)\sin\theta} \tag{5-20}$$

式中，η 值可以用 DN 的变异函数 $\gamma(h)$ 来确定；$\gamma(h)$ 是数据间距离 h 与方差之间关系的统计量，其定义如下：

$$\gamma(h) = [E\{z(x+h) - z(x)\}^2]/2 \tag{5-21}$$

式中，E 为期望值。当有太阳照射方向（s）可以参考时，将与 s 平行和垂直方向的变异函数分别记为 $\gamma_p(h)$ 和 $\gamma_c(h)$。η 是邻近像素(即 $h=1$)上 DN 的 $\gamma(h)$ 之比，$\eta = \gamma_p(1)/\gamma_c(1)$。

3) 脊谷的判定

p 像素需要进行脊谷判断。记 $k_{\max}$ 方向搜索线上 $i=-5 \sim -1$ 和 $i=1\sim5$ 像素值 DN 的和分别为 τ_1 和 τ_2。若 $\tau_1 < \tau_2$ 即认为是该像素为山脊，将 p 消去。

4) 线素的连结

将 $k_{\min}$ 方向的线素 p 连结的方向限定在 $k_{\min} - \pi/16 \sim k_{\min} + \pi/16$ 范围。首先以 p 为中心点、$k_{\min}$ 为中心方向、H 为半径、顶角为 $\pi/8$ 的扇形区域扫描，若将该区域内存在多个线素，将 p 与离其最远的线素连结。

$$H = \frac{\varphi_2}{1+(\eta-1)\cos\theta} + \varphi_3 \tag{5-22}$$

H 与 T 一样为与方向有关的变量。

5) 重复线素的删除

当出现多个方向相似的短线素相互交叉的区域时，执行第 5 步。利用主成分分析，从构成线素的各像素位置(x，y)求出中心线，而将其他短线删去。进而将线素长度超过某一值(如 20 像素)的线性构造保留，其他短线性构造作为噪声删去。

以上 φ_1、φ_2、φ_3 均为参数，可取适当的值(2、4、8 等)。

三、结果及分析

根据上述 STA 的原理和计算步骤，用 MATLAB 编写了计算机程序，对个旧锡矿东矿区 375km^2(东西 15km、南北 25km)范围内的 DEM(分辨率为 25m×25m)数据进行了分析处理(彩图 6)，提取了该区域的线性构造，分析得到了线素(图 5-27)，并对线素按照距离(线素之间距离小于 1000m)和角度(线素方向之间夹角小于 15°)标准进行了连接，得到了线性构造的分布图。为了便于与实测高级次断裂进行比较，特别展示了长度大于 1km 的线性构造。

通过和实测断层的对比，可见线素的分布和连接与实测断层具有较好的对应关系。东矿区的主要断裂，如 NS 向的个旧断裂、控制矿田的 EW 向断裂、NE 向的高级次断裂——芦塘坝断裂等，均得到了较好的解译，与实测断裂的分布对应关系较好；尤其是近 EW 向和 NE 向断裂呈现出较好的等间距特征，较好地反映了实测断裂的空间分布规律；

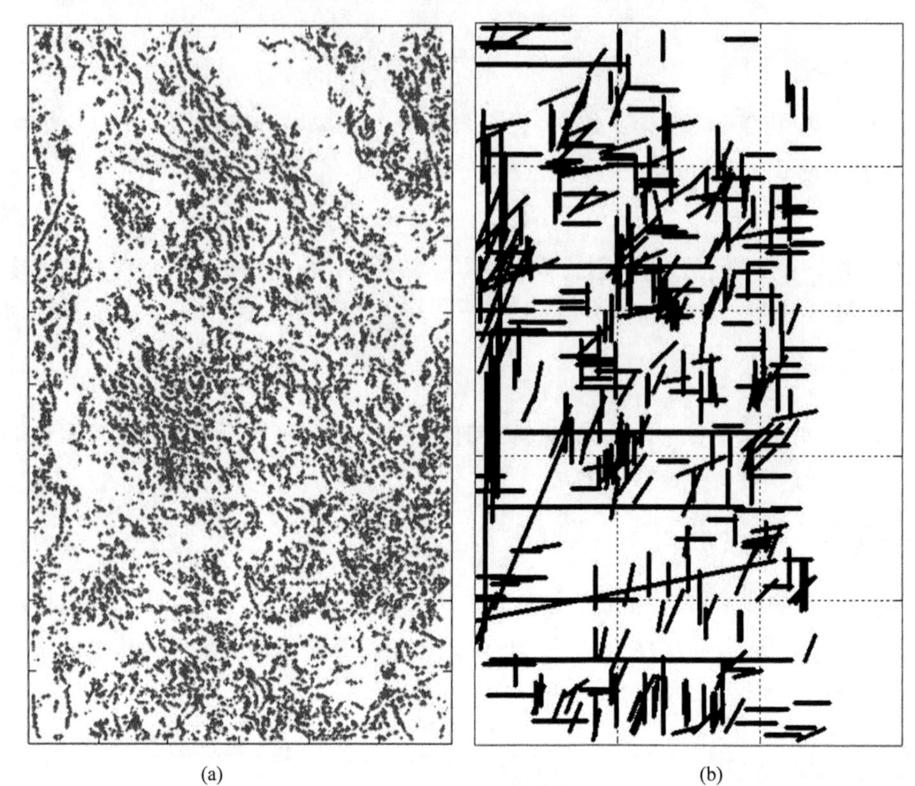

图 5-27　个旧地区 DEM 图像线性构造提取及部分长裂隙

(a)构造提取；(b)部分长裂隙

同时 EW 向断裂的长度大、连续性好，NE 向断裂的长度较短、连续性较差，与实测断裂比较符合。而矿区西部边界的 NS 向个旧断裂表现出线性构造集中、延伸方向变化的特点，体现了断裂带的特征；矿区东部边界的近 NS 向甲介山断裂则表现出不连续的特点，受到近 EW 向断裂的分割比较明显，与实际情况比较符合。

同时也可以看到本方法的不足之处，位于矿区东部边界的近 NS 向甲介山断裂未能进行较好的连接，还需要进一步分析。STA 在进行线素的自动连接时，效果还不太理想，尤其是难以关联那些间隔较大、延伸方向变化较大的线素，甚至会产生比较明显错误的连接。同时在进行线素连接时会出现“之”字形曲折，与实测断层的线状分布不太符合。

通过比较 DEM 线性构造解译结果和与实测断层之间的对应关系，可见：①线段追踪法(STA)能较好地识别遥感影像上的线性构造，整体上与实测断层之间的吻合程度较好。应用 STA 可以较好的提取个旧锡矿东矿区的主要线性构造，整体上与实测断裂之间表现出较好的对应性。②STA 存在不足之处，线素自动连接的效果不能较好地体现线素之间的间隔和转折，某些参数的选定还依赖于人工经验，该方法还有待进一步修正和完善。

第六节　跨尺度联系

许多研究针对个旧锡矿存在的跨尺度现象开展了大量的工作，但在裂隙网络的跨尺度研究方面还很欠缺。针对个旧锡矿裂隙网络跨尺度现象，从岩石样本的 CT 扫描、实地坑道观察、遥感影像三个尺度裂隙属性研究出发，利用双对数曲线，探讨个旧锡矿裂隙属性的跨尺度联系。

一、跨尺度特征

针对个旧锡矿地区的跨尺度现象，许多研究开展了大量的工作。王力(2004)应用分形理论中改变观察尺度求维数的方法，分别对矿化集中的个旧东区、马拉格矿田、老厂矿田、卡房矿田，发现个旧东区二维平面断裂构造系统在 5~0.5km 标度范围内服从分形分布，4 个子区域的二维平面断裂构造在 3~0.25km 标度范围内服从分形分布。张建东等(2007)应用多重分形方法对个旧花岗岩凹陷带的 12 个微量元素进行分形统计。成秋明等(2009)运用广义自相似原理和方法非线性理论和方法研究了个旧地区勘查地球化学数据处理和致矿异常圈定，认为成矿过程是一种奇异性地质过程，所产生的结果如矿床、成矿异常等具有分形和多重分形分布规律，可以采用幂律函数来度量。谢淑云等(2009)以个旧松树脚矿田矿石矿物组构为研究对象，通过微观尺度上分形与多重分形特征的研究，探讨矿物颗粒分布特征，以及成矿作用与时空结构之间的内在联系。李增华等(2009)基于 GIS 的 *P-A*(周长-面积)的分形模型，研究了个旧锡多金属矿床磁黄铁矿颗粒的大小、不规则性及空间分布特征。高歆(2010)对个旧锡矿水系沉积物元素在大尺度和小尺度范围进行了多重分形分析，得出元素分布具有尺度不变性的特征。赵江南等(2012)分析了个旧高松矿田的构造地球化学元素，运用多重分形方法揭示高松矿田地球化学元素的分布规律。李江等(2012)基于尺度不变性理论，对个旧锡铜多金属矿床进行了仿真模拟。

总体来说，关于个旧锡矿裂隙网络的尺度不变性研究还很不成熟，既有的尺度不变性研究多集中在地球化学元素、矿物颗粒等领域，对裂隙的研究也多集中在计算裂隙网络的分维数方面。

实际上，个旧锡矿裂隙网络存在明显的跨尺度联系，断裂网络模式在不用的尺度上表现出明显的、强烈的自相似性。从个旧锡矿的构造地质图中可以看出，整个个旧矿区明显受到 NE、NNE 向断裂(龙岔河断裂、轿顶山)和近 EW 向断裂(李浩寨断裂、田冲断裂)的控制，呈现网格状趋势；在次一级的个旧东矿区，同样可以观察到 NE、NNE 向断裂(杨家田断裂、芦塘坝断裂)与 EW 向断裂(背阴山断裂、白龙断裂)，其控制了整个矿区地质特征，尤其是矿床产出规律；在更次一级的高松矿田，从其地质图上也可以看出，近 NE 向断裂(麒阿断裂、驼峰山断裂)和近 EW 向断裂(马吃水断裂、高阿断裂)占明显优势，是矿田的主要控制因素。

二、跨尺度联系

根据前面研究工作中获得的遥感、坑道、岩样等大、中、小三个尺度上的裂隙数据，探讨裂隙属性的跨尺度联系。

1. 裂隙数据的获取

裂隙数据的获取如前所述，归纳起来有 5 个尺度，分别如下：

10^{-2}m 级(即厘米级)：主要为 12 件岩样的 CT 扫描图像中提取出来的裂隙数据，选取了 50 个水平剖面，岩样水平剖面的大小多数为 6cm×8cm。从中提取了 284 条裂隙迹线，其中最大值为 64.1mm，最小值为 1.1mm，平均为 16.69mm，方差为 12.33mm，集中在 10mm 左右。

10^{0}m 级(即米级)：主要为坑道壁裂隙迹线的编录数据，共在高松矿田共计编录测量了 1928.77m 长的坑道壁(1928.77m)和公路壁(60m)，从中获得了 947 条裂隙迹线，其中坑道壁和公路壁的高度为 3m。裂隙迹长最大值为 13.58m，最小值为 0.05m，平均为 2.15m，方差为 1.35，集中在 2m 左右。

10^{1}m 级(即 10m 级)：主要为地表观测数据，观测面积 60m×100m，获得裂隙迹线(主要是断层)77 条，其中裂隙迹长最大值为 28.77m，最小值为 0m，平均为 9.92m，方差为 5.55，集中在 10m 左右。

10^{3}m 级(即千米级)：主要为在高松矿田 4km(EW)×5km(NS)×0.8km(H)范围内根据坑道样本裂隙模拟的裂隙网络，从中提取了 55591 裂隙。其中裂隙最大值为 2728.4m，最小值为 7.68m，平均为 390.48m，方差为 231.93，集中在 500m 左右。

10^{4}m 级(即 10km 级)：主要根据个旧锡矿东矿区 375km^{2}[15km(EW)×25km(SN)]范围内的 DEM(分辨率为 25m×25m)数据中提取的线性构造，为了适应尺度的范围，只保留了长度为 2000m 以上的裂隙，得到了 5513 条裂隙迹线，其中最大值为 10680m，最小值为 2003.8m，平均为 7464.1m，方差为 3159.5，集中在 10000m 左右。

2. 长度跨尺度联系

在双对数坐标系中，将上述 5 个尺度上的裂隙长度的累积分布密度曲线一次绘制，如图 5-28 所示。

从图中可以看出，裂隙长度的分布在各个尺度上总体呈正态分布或对数正态分布，从微裂隙到线性构造的裂隙长度累计密度曲线具有较好的相似性，表现出明显的跨尺度相似性。其中利用 GEOFRAC 模拟得到的裂隙长度的累积密度曲线在长裂隙一段与 CT 扫描得到的微裂隙之间更具有相似性，而在短裂隙一段与遥感影像得到的线性构造长度的累积密度曲线更具有相似性，说明 GEOFRAC 可以弥补大尺度中所得长裂隙较少的缺陷，同时能够避免小尺度上断裂隙频繁出现的缺点，较好地体现了中尺度裂隙长度的分布。

进而，利用这种跨尺度联系，可以根据已知尺度上的裂隙长度累计分布曲线的分布规律、裂隙长度的上限和下限，生成任意尺度上的裂隙长度累计分布曲线，从而实现裂隙长度分布的跨尺度联系和应用，弥补实际中裂隙取样的局限。

3.　密度跨尺度联系

通过上述从小到大 5 个尺度上得到的裂隙迹线数据，以及各个尺度上的观测范围，可以计算得到各个尺度上的裂隙密度(表 5-6)，据此可以得到裂隙密度与尺度之间的双对数坐标系中的散点图(图 5-28)。

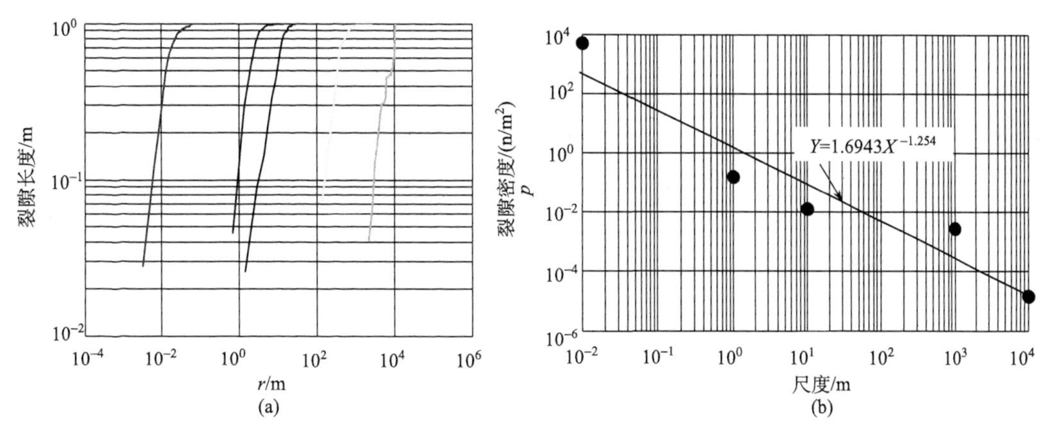

图 5-28　裂隙长度和密度的跨尺度联系

(a)裂隙长度；(b)裂隙密度

表 5-6　不同尺度上的裂隙密度

尺度/m	条数/m	长/m	宽/m	幅数	面积/m^2	密度/(条/m^2)
0.01	284	0.06	0.08	12	0.0576	4930.555556
1	947	1988.77	3	1	5966.31	0.158725
10	77	60	100	1	6000	0.012833
1000	55591	4000	5000	1	20000000	0.002780
10000	5513	15000	25000	1	375000000	0.000015

从图 5-28 可见，利用 GEOFRAC 模拟得到的裂隙密度与拟合直线接近，略高于拟合直线；而实际观察的裂隙迹线长度的密度则略低于拟合直线，这与理论分析和实际观测中发现的规律和现象一致。

可见不尺度上的裂隙密度呈现较好的依存关系，跨尺度联系很明显，可以拟合得到的裂隙密度与尺度之间的幂指数方程：

$$\rho = 1.6943r^{-1.25} \tag{5-23}$$

式中，ρ 为裂隙密度；r 为尺度。

应用式(5-23)，可以利用已知尺度上的裂隙密度得到任意其他尺度上的裂隙密度，从实现裂隙的跨尺度联系。

三、结果及分析

通过个旧锡矿裂隙长度和密度的跨尺度联系分析，可以得到以下结论：

(1)裂隙属性可以实现跨尺度联系,进而可以根据已知尺度上观测得到的裂隙属性特征实现任意尺度上的裂隙属性特征的计算，从实现裂隙网络模拟的跨尺度应用。

(2)根据上述实践，可见 GEOFRAC 是一种较好的裂隙网络模拟技术，能够较为贴切地模拟实际中的中尺度裂隙网络分布，可以较好地反映中尺度裂隙网络，并体现其在大尺度和小尺度裂隙属性特征之间的过渡现象。

(3)本次研究不足的是未能进行裂隙方向和空间位置的跨尺度联系研究。这主要是因为本次获得的裂隙资料，不能在多尺度上同时体现裂隙的这两个属性，从而造成不能进行跨尺度联系的分析。实际上课题组已经开展了裂隙方向和空间位置跨尺度联系研究的探讨，并取得了初步的思路，由于资料限制，未能进行验证。

这两个属性跨尺度联系的思路简单说明如下：

(1)裂隙位置跨尺度联系。利用两点函数法或者空间变异函数，可以较好地刻画裂隙位置的空间变异性，而不必仅仅假设裂隙位置为空间均匀分布，更能体现裂隙空间的丛聚性、继承性，与现实裂隙网络的分布更符合。首先计算各个尺度上的变异函数参数(如变程、拱高等)，然后利用双对数曲线作图，可以得到变异函数参数与尺度之间的关系，从而可以分析裂隙空间位置的跨尺度联系。

(2)裂隙方向跨尺度联系。分析裂隙在各个尺度上的优势方向(包括倾向、倾角等)、优势方向的分组情况等，比较这些特点在不同尺度上的关系，可以得到裂隙方向在同尺度上的特点，进而根据这些特点可以实现设定裂隙方向在任意尺度上的优势和分组等，体现裂隙方向的尺度不变性。

第六章　结论与展望

本书以个旧锡矿高松矿田为例，针对方向性变量网络模拟中的维数和跨尺度等难点问题，探讨了裂隙属性跨维数转换和跨尺度联系的理论和方法体系，针对方向性变量三维空间分布模拟中的丛聚性和继承性等关键问题，构建了 GEOGRAC 理论方法体系，用 MATLAB 编写了相关的程序，根据搜集整理的高松矿田样本裂隙数据，进行了实际应用，对理论方法体系进行了验证，得到了很好的结果，不足之处是由于经费和时间的限制，未能详细研究裂隙网络的进一步应用，如在水循环和成矿热液运移模拟中的应用等，同时所编写的程序未能形成单独的系统软件，需要继续开展后续的研究工作。

一、研究结论

根据本书的重点内容，主要有以下研究结论。

1. 方向性变量的属性

1）特点

裂隙作为自然界广泛存在的一类变量，包含多个属性(如方向、长度、宽度、位置、充填等)，在岩石中难以观测，其分布具有随机性且在同一个空间位置可以有多个裂隙存在。

2）取样

由于观测手段和范围的限制，方向性变量(属性)的取样会产生方向、截断、删节等偏差，而且这种偏差在理论上是很难进行校正的。在实际中，可以以体视学原理为基础，参照实际经验参数，应用方向修正系数、圆形取样、多测线取样等方法进行校正，减少取样过程中出现的过度偏差。

3）属性特征

裂隙位置可以认为符合泊松分布，但是由于裂隙形成的多期次性和叠加性，在实际观测中看到的裂隙位置分布表现出不同的特征；裂隙大小(尺寸、长度、迹长)可以假设裂隙为圆盘，用其直径(弦)来表示，与岩石所受应力大小、岩石性质有密切的关系；裂隙方向可以用裂隙面的单位法线矢量来表示，与岩石(体)研究过程中受到的应力方向密切相关；裂隙密度可以用单位衡量范围内的裂隙数目来表示，实际中裂隙密度一般表现出强烈的不均匀性；裂隙宽度对岩石渗透性的影响显著，一般与长度关系密切；裂隙位移反映了裂隙形成过程中的运移方向和距离，对裂隙形成过程的模拟意义重大。裂隙的属性，包括长度、位移、大小、密度、宽度等主要服从幂指数分布、对数正态分布、指数分布、Gamma 分布等，方向服从 Fisher 分布、Binghanm 分布等。

4) 属性关系

裂隙宽度b与长度l之间的关系为$b = cl^d$，其中c、d为经验常数；长度与数目$N(l)$之间的关系为$N(l) = \alpha l^{-a}\mathrm{d}l$，其中$\alpha$为密度常数、$a$为指数；长度与最大位移$d_{\max}$之间的关系为$d_{\max} = \gamma l^m$，其中$\gamma$为常数、$n_1$为指数；长度和方向之间的关系可以用二元联合分布得出。

2. 跨维数转换

通过体视学分析，在裂隙长度服从一定分布的假设条件下，分析了裂隙一维密度、二维密度、三维密度、点密度、面密度、线密度、体密度之间的关系，探讨了裂隙迹长、裂隙直径之间的统计联系，搭建了裂隙方向、观测面方向、迹线射线角之间的几何联系，建立了裂隙密度、长度和方向跨维数转换的关系，设计了实现裂隙属性跨维数转换的技术路线，构思了计算机实现算法，用 MATLAB 编写了实现程序。

3. 跨尺度联系

通过大量的研究实例，分析了裂隙跨尺度联系现象的规律，探讨了用盒子计数法和两点相关函数计算的裂隙跨尺度联系的方法，并对尺度指数估计中的样本数量、指数扩展、估计方法、影响因素、估计精度等进行了详细分析。鉴于裂隙长度的可观测性及与其他属性之间的关系，特别是对裂隙长度的尺度指数估计进行了详细的论述。根据跨尺度联系的规律及其中用到的方法，编制了相应的 MATLAB 计算机程序。

4. 三维网络分布模拟

构建了 GEOFRAC 方法，该方法由普通克里格、序贯高斯模拟、主成分分析等方法构成。具体包括：分解方向性变量的属性、裂隙密度估计、裂隙位置生成、裂隙方向(走向和倾向)的主成分分析及反演、裂隙方向分布的地质统计学估值、方向性变量属性的综合、基本裂隙面的连接等。可以考虑裂隙的多属性、通过同一位置、尺度不变性等特点，可以充分利用不同维数和尺度上的裂隙样本数据。

5. 个旧锡矿高松矿田三维裂隙分布研究

利用声发射、CT、地表、坑道、遥感等手段，搜集了不同尺度、不同维数的地质资料和裂隙样本数据，以此为基础，利用地质资料构建了高松矿田的三维地层模型，利用 CT 资料实现了小尺度裂隙长度、密度的跨维数转换及属性(方向、长度、宽度)之间关系的建立，利用坑道、地表数据模拟了高松矿田裂隙空间位置分布、对应方向的空间分布、连接了裂隙网络的空间分布，利用遥感 DEM 资料提取了个旧锡矿东矿区的线性构造，根据不同尺度上得到的裂隙网络分布分析建立了裂隙密度和长度的跨尺度联系，对这些研究成果在高松矿田进行了实际验证。

二、不足与展望

1. 模拟精度和计算的自动化程度有待进一步提高

建立裂隙网络三维空间分布模拟的理论方法体系，并对其中的跨维数和跨尺度进行重点研究，但是裂隙的精度还不够，主要表现在裂隙空间位置、裂隙方向、裂隙宽度等方面的精确性有待进一步提高，尤其是在裂隙空间位置随机发生时产生的误差需要进一步提高。另外在建立的理论方法体系中，在模拟计算过程中，许多经验参数需要人工决定，这增加了建模的不确定性，同时也阻碍了模型在生产一线的应用。因此这两个方面的研究要待进一步深入。

2. 未能形成商业化的系统软件

根据研究需要，课题组自行组织编写了大量的计算机程序，包括地层三维建模程序、裂隙方向跨维数转换程序、裂隙长度跨维数转换程序、裂隙三维网络模拟程序、裂隙三维显示程序、裂隙属性分析程序，以及相关的辅助程序如 PCA 等，但是由于经费和时间的限制，未能系统化和集成化，并形成商业化的系统软件，需要进一步开展后续研究工作。

3. 裂隙网络模拟可以广泛地应用在地下流体运移过程的研究中

建立的裂隙三维空间分布模拟理论方法体系，可以广泛应用在地下流体运移的相关研究中。由于地下岩石(体)的裂隙分布对其性能改变的影响非常巨大，甚至在某种程度上可以认为是决定性的影响。因此在涉及与地下岩体有关领域均有重要的意义，如水循环、成矿热液运移富集过程、石油天然气开采领域等。

参 考 文 献

柴军瑞. 2002. 岩体裂隙网络非线性渗流分析. 水动力学研究与进展, 17(2): 27-35.

柴军瑞, 仵彦卿. 2003. 岩体三维主干裂隙网络渗流分析. 水动力学研究与进展, 18(4): 344-347.

陈剑平, 王清, 肖树芳. 1995. 岩体裂隙网络分数维计算机模拟. 工程地质学报, (3): 79-85.

陈书平. 2010. 地质构造对煤与瓦斯突出影响因素分析. 能源技术与管理, (4): 30-31.

陈旭光, 张强勇. 2010. 岩石剪切破坏过程的能量耗散和释放研究. 采矿与安全工程学报, 27(2): 179-184.

陈颙, 黄庭芳, 刘恩儒. 2009. 岩石物理学. 北京: 中国科技大学出版社.

陈征宙, 胡伏生. 1998. 岩体节理网络模拟技术研究. 岩土工程学报, 20(1): 22-25.

陈志杰, 冯曦, 李傲松. 2011. 三维岩体裂隙网络模拟研究及应用. 东北水利水电, 29(8): 49-52.

成秋明, 赵鹏大, 陈建国, 夏庆霖, 陈志, 张生元, 徐德义, 谢淑云, 王文磊. 2009. 奇异性理论在个旧锡铜矿产资源预测中的应用: 成矿弱信息提取和复合信息分解. 地球科学——中国地质大学学报, 34(2): 232-242.

崔中兴, 仵彦卿, 吕惠民, 蒲毅彬, 冯小太, 张飞跃. 2004. 砂岩隙宽变化与CT数变化的相关关系. 岩石力学与工程学报, 23(20): 3484-3488.

杜春国, 付广, 王安. 2004. 断裂在乌尔逊凹陷油气成藏中的作用. 新疆石油地质, 25(5): 495-497.

段蔚平. 1994. 边坡岩体结构面的模拟. 金属矿山, (6): 27-29.

范天佑. 2003. 断裂理论基础. 北京: 科学出版社.

付小敏. 2005. 典型岩石单轴压缩变形及声发射特性试验研究. 成都理工大学学报(自然科学版), 32(1): 17-21.

高歆. 2010. 基于WLs的二维地球化学景观多重分形建模. 中国矿业, 19(6): 111-115.

郜进海, 康天合, 李东勇. 2004. 动荷载巷道围岩裂隙演化的实验研究. 矿业研究与开发, 24(6): 13-16.

宫伟力, 安里千, 赵海燕, 毛灵涛. 2010. 基于图像描述的煤岩裂隙 CT 图像多尺度特征. 岩土力学, 31(2): 371-376, 381.

郭彦双, 黄凯珠, 朱维申, 周锦添, 李术才. 2007. 辉长岩中张开型表面裂隙破裂模式研究. 岩石力学与工程学报, 26(3): 525-531.

郭彦双, 林春金, 朱维申, 李术才. 2008. 三维裂隙组扩展及贯通过程的试验研究. 岩石力学与工程学报, 27(S1): 3191-319.

何杨, 柴军瑞, 唐志立, 伍美华, 崔文娟. 2007. 三维裂隙网络非稳定渗流数值分析. 水动力学研究与进展, 22(3): 338-344.

胡先莉, 薛东剑. 2007. 序贯模拟方法在储层建模中的应用研究. 成都理工大学学报(自科版), 34(6): 609-613.

胡最, 闫浩文. 2006. 空间数据的多尺度表达研究. 兰州交通大学学报, 25(4): 35-38.

黄超. 2012. 断层带破碎区巷道变形破坏规律与控制技术分析. 煤矿安全, 43(5): 170-173.

黄明利. 2001. 岩石多裂纹相互作用破坏机制的研究. 岩石力学与工程学, 20(3): 423-423.

季明, 高峰, 徐小丽, 顾宏星. 2008. 单轴压缩下的岩石声发射及其分维特征. 金属矿山, 38(11): 133-136.

季荣生, 陈庆寿, 王贵和, 李金锁, 周辉峰, 吕建国. 2005. 断层裂隙较发育地段硐室爆破. 爆破, 22(2):

42-49.
金曲生, 范建军, 王思敬. 1998. 结构面密度计算法及其应用. 岩石力学与工程学报, 17(3): 273-278.
金曲生, 王思敬, 陈昌彦. 1997. 一种估计迹长概率密度函数的新方法及其在三峡船闸区的应用. 工程地质学报, 5(2): 150-155.
李洪训. 2008. 从四川汶川大地震审视核安全. 核安全, (3): 1-13.
李建军, 邵生俊, 王超. 2009. 岩质断层地基及其治理措施分析. 岩土力学, 30(S2): 344-353.
李江, 金辉, 刘伟. 2012. 基于分形 SMOTE 重采样集成算法圈定区域化探异常. 计算机应用研究, 29(10): 3744-3747.
李普, 孟贤正, 陈国红, 何清. 2011. 影响坪湖煤矿与瓦斯突出的因素分析. 矿业安全与环保, 38(1): 64-66.
李艳青. 2012. 基于预裂微震控制爆破技术的隧道断层施工. 山西建筑, 38(10): 196-197.
李义连, 满作武, 薛果夫. 1997. 岩体结构面概率模型与确定性模型的耦合. 地质科技情报, (4): 101-104.
李增华, 成秋明, 谢淑云, 徐德义, 夏庆霖, 张生元. 2009. 云南个旧期北山七段玄武岩中磁黄铁矿结构变化分形特征. 地球科学——中国地质大学学报, 34(2): 275-280.
李志厚, 杨晓华, 来弘鹏, 宴长根. 2008. 公路隧道特大塌方成因分析及综合处治方法研究. 工程地质学报, 16(6): 806-812.
廖建忠, 文军. 2012. 活动断层附近某水电站坝址的选择. 西北水电, (2): 36-38.
刘春学. 2002. 个旧锡矿区高松矿田综合信息成矿预测. 昆明理工大学博士学位论文.
刘春学, 秦德先, 党玉涛, 谈树成. 2003. 个旧锡矿高松矿田综合信息矿产预测. 地球科学进展, 18(6): 921-927.
刘继山. 1987. 单裂隙受正应力作用时的渗流公式. 水文地质工程地质, (2): 36-37+32.
刘建国, 彭功勋, 韩文峰. 2002. 岩体裂隙网络的分形特征. 兰州大学学报(自然科学版), 36(4): 96-99.
刘连峰, 王泳嘉. 1997. 三维节理岩体计算模型的建立. 岩石力学与工程学报, 16(1): 36-42.
卢波, 陈剑平, 葛修润, 王水林. 2005. 节理岩体结构的分形几何研究. 岩石力学与工程学报, 24(3): 461-467.
马峰, 白凤怀, 陈刚, 蔺文静, 王贵玲. 2011. 黄岛地下水封洞库库区三维裂隙网络模拟. 岩石力学与工程学报, 30(S2): 3421-3427.
马宇, 赵阳升. 1999. 岩体裂隙网络的二维分形仿真. 太原理工大学学报, 30(5): 479-482.
毛昶熙, 段祥宝, 蔡金傍. 2006. 对于堤基渗流无害管涌试验研究讨论文的答复. 水利学报, 37(4): 508-510.
潘别桐. 1987. 岩体结构面网络模拟及应用. 武汉: 武汉地质学院工程地质教研室.
秦四清, 李追鼎. 1991. 岩石声发射参数与断裂力学参量的关系研究. 东北工业学院学报, 12(5): 437-444.
荣冠, 周创兵. 2004. 基于裂隙网络模拟技术的结构面分布分维数计算. 岩石力学与工程学报, 23(20): 3465-3469.
邵江, 许吉亮. 2008. 一种断层影响基岩滑坡的失稳机理和稳定性分析. 岩土工程技术, 22(6): 299-303.
沈成康. 1996. 断裂力学. 上海: 同济大学出版社.
施行觉, 牛志仁. 1991. 岩石破裂断面的分维研究. 科学通报, (7): 557.
苏承东, 张振华. 2008. 大理岩三轴压缩的塑性变形与能量特征分析. 岩石力学与工程学报, 27(2): 273-280.
孙洪泉, 谢和平. 2008. 岩石断裂表面的分形模拟. 岩土力学, 29(2): 347-352.
孙绍有. 2004. 个旧锡矿高松矿田断裂构造多期活动特征研究. 矿物学报, 24(2): 124-128.

汤经武, 杨学敏. 1989. 微型计算机在地质构造解析中的应用. 北京: 中国地质大学出版社.
唐辉明, 晏同珍. 1993. 岩体断裂力学与工程应用. 北京: 中国地质大学出版社.
陶振宇, 王宏. 1990. 岩石力学中节理网络模拟技术. 长江科学院院报, 7(4): 18-26.
万力, 李定方, 李吉庆. 1993. 三维裂隙网络的多边形单元渗流模型. 水利水运科学研究, (4): 347-353.
汪小刚, 陈祖煜, 刘文松. 1992. 应用蒙特卡洛法确定节理岩体的连通率和综合抗剪强度指标. 岩石力学与工程学报, 11(4): 345-345.
汪小刚, 贾志欣, 陈祖煜. 1998. 岩石结构面网络模拟原理在节理岩体连通率研究中的应用. 水利水电技术, (10): 43-47.
王恩志. 1993. 岩体裂隙的网络分析及渗流模型. 岩石力学与工程学报, 12(3): 214-221.
王贵宾, 阳春和, 包宏涛, 殷黎明. 2006. 岩体节理平均迹长估计. 岩石力学与工程学报, 25(12): 2589-2592.
王国艳, 于广明, 宋传旺. 2011. 初始裂隙几何要素对岩石裂隙分维演化的影响. 地下空间与工程学报, 7(6): 1148-1152.
王立德, 于年生, 肖利强. 2008. 广西明山金矿床地质特征及找矿方向. 矿产与地质, 22(5): 381-386.
王明洋, 钱七虎. 1995. 爆炸应力波通过节理裂隙带的衰减规律. 岩土工程学报, 17(2): 42-46.
王鹏, 蔡美峰, 周汝弟. 2003. 裂隙岩体渗透张量的确定和修正. 金属矿山, (8): 5-7.
王帅, 王深法, 俞建强. 2012. 构造活动与地质灾害的相关性——浙西南山地滑坡、崩塌、泥石流的分布规律. 山地学报, 20(1): 47-52.
王振, 题正义, 常志峰. 2012. 断层破碎带巷道的锚网喷架联合支护技术. 有色金属(矿山部分), 64(2): 30-33.
魏安. 1995. 岩体裂隙网络的计算机模拟及其应用. 西南交通大学学报, 30(2): 200-205.
邬爱清, 周火明, 任放. 1998. 岩体三维网络模拟技术及其在三峡工程中的应用. 长江科学院报, 15(6): 15-18.
向晓辉, 王俐, 葛修润, 卢波, 周欣. 2006. 基于三维裂隙网络模拟的有限块体面积判断法. 岩体力学, 27(9): 1633-1636.
谢法桐, 李龙, 郭良经. 2011. 童亭矿区赵口断层对煤层瓦斯赋存规律的研究. 淮南职业技术学院学报, 11(6): 1-3.
谢和平. 1992. 分形几何及其在岩土力学中的应用. 岩土工程学报, 14(1): 14-24.
谢淑云, 成秋明, 李增华, 邢细涛, 陈守余. 2009. 矿物微观结构的多重分形. 地球科学——中国地质大学学报, 34(2): 263-269.
徐耀宗. 1987. 蒙特卡洛法在石油资源量估算中的应用. 石油勘探与开发, (2): 27+37-42.
杨淑清. 1993. 隧洞岩爆机制物理模型试验研究. 武汉水利电力大学学报, 26(2): 160- 166.
杨松林, 徐卫亚, 朱珍德. 2003. 裂隙尖端能量释放和整体变形能量的等效性. 河海大学学报(自然科学版), 31(5): 552-555.
杨铮, 颜家荃. 1990. 个旧矿区高松矿田锡多金属矿床成矿规律及成矿远景预测. 西南矿产地质, (3): 1-10.
姚改焕, 宋战平, 余贤斌. 2006. 石灰岩声发射特性的试验研究. 煤田地质与勘探, 34(6): 44-46.
於崇文, 蒋耀淞. 1990. 云南个旧成矿区锡石-硫化物矿床原生金属分带形成的地球化学动力学机制. 地质学报, 64(3): 226-237.
于青春, 陈德基, 薛果夫. 1995. 岩体非连续裂隙网络水力学特征. 地球科学——中国地质大学学报, (4): 474-478.
张发明, 王小刚, 贾志欣, 弥宏亮, 陈祖煜. 2002. 3D 裂隙网络随机模拟及其工程应用研究. 现代地质,

16(1): 100-103.
张佳楠. 2012. 山东莱州焦家金矿床矿化富集规律及矿床成因探讨. 吉林大学硕士学位论文.
张建东, 彭省临, 杨斌, 刘明, 王力. 2007. 云南个旧锡矿遥感信息提取及找矿预测. 大地构造与成矿学, 31(4): 424-429.
张蕾, 杜定全, 张晗彬, 张汉龙, 张丽华. 2012. 黔西南灰家堡金矿田的构造控矿模式研究——"两层楼"模式的构造意义. 黄金, (9): 13-18.
张鹏, 李宁, 陈新民. 2009. 一种新的裂隙三维表面粗糙度表征方法. 岩石力学与工程学报, 28(S2): 3477-3483.
张奇. 1994. 平面裂隙接触面积对裂隙渗透性的影响. 河海大学学报, 22(2): 57-64.
张仕强, 焦棣, 罗平亚, 孟英峰. 1998. 天然岩石裂缝表面形态描述. 西南石油学院学报, 20(2): 19-22.
张文佑. 1962. 锯齿状断裂的力学形成机制构造地质问题. 北京: 科学出版社.
赵江南, 陈守余, 左仁广. 2012. 个旧锡多金属矿集区高松矿田矿化元素局部富集的奇异性特征. 吉林大学学报, 42(S1): 216-223.
赵文, 唐春安. 1998. 结构面间距和迹长的测量理论. 中国矿业, 7(3): 36-38.
赵忠虎, 谢和平. 2008. 岩石变形破坏过程中的能量传递和耗散研究. 四川大学学报(工程科学版), 40(2): 26-31.
周皓, 方勇刚, 甘东科, 胡帅. 2010. 基于 Monte-Carlo 方法的三维裂隙网络模拟. 企业技术开发, 29(6): 150-152.
周瑞光, 成彬芳, 叶贵钧, 武强. 2000. 断层破碎带突水的时效特性研究. 工程地质学报, 8(4): 411-415.
周维恒, 杨若琼. 1997. 高拱坝稳定性评价的方法和准则. 水电站设计, (2): 1-7.
朱红光, 谢和平, 易成, 刘征, 刘慧欣, 王洪涛 2011. 岩石材料微裂隙演化的CT识别. 岩石力学与工程学报, 30(6): 1230-1238.
朱江皇, 蒋方媛. 2008. 断裂活动性及地质灾害效应分析——以深圳市罗湖区 F8 断裂为例. 安全与环境工程, 15(1): 33-37.
庄永秋, 王任重, 郑树培, 尹金明. 1996. 云南个旧锡铜多金属矿床. 北京: 地震出版社.
Ackermann R V, Schlische R W. 1997. Anticlustering of small normal faults around larger faults. Geology, 25(12): 1127-1130.
Acuna J, Yortsos Y. 1995. Application of fractal geometry to the study of networks of fractures and their pressure transient. Water Resources Research, 31(3): 527-540.
Adler P M, Thovert. 1999. Fractures and Fracture Network. Norwell: Kluwer Academic Publishers.
Agterberg F P, Cheng Q, Brown A, Good D. 1996. Multifractal modeling of fractures in the Lac du Bonnet Batholith Manitoba. Computers and Geosciences, 22(5): 497-507.
Amitrano D, Schmittbuhl J. 2002. Fracture roughness and gouge distribution of a granite shear band. Journal of Geophysical Research, 107(B12): 1-16.
Anders M H, Wiltschko D V. 1994. Microfracturing, paleostress and the growth of faults. Journai of Structural Geology, 16(6): 795-815.
Baecher G B, Lanney N A. 1977. Statistical description of rock properties and sampling. Proceeding of 18th U. S. Symposium on Rock Mechanics 5C: 1-8.
Balberg I, Binenbaum N, Wagner N. 1984. Percolation thresholds in the three-dimensional sticks system. Physical Review Letters, 52(17): 1465-1468.
Barton C C, Larsen E. 1985. Fractal geometry of two-dimensional fracture networks at Yucca Mountain, southwestern Nevada. Stephannson O(ed.). Proceedings of the International Symposium on

Fundamentals of Rock Joints. 77-84.

Barton C C. 1995. Fractal analysis of scaling and spatial clustering of fractures. In Fractals in the Earth Sciences, edited by C. C. Barton and P. R. LaPointe, 141-178. , Plenum, New York.

Barton C C, Zoback M D. 1992. Self-similar distribution and properties of macroscopic fractures at depth in crystalline rock in the Cajon Pass Scientific Drill Hole. Journal of Geophysical Research Solie Earth, 97(B4): 5181-5200.

Belfield W C. 1994. Multifractal characteristics of natural fracture apertures. Geophysical Research Letters, 21(24): 2641-2644.

Belfield W C, Sovich J P. 1994. Fracture Statistics from horizontal wellbores. Journal of Canadian Petroleum Technology, 34(6): 47-50.

Belfield W C. 1998. Incorporating spatial distribution into stochastic modeling of fractures: multifractals and Levy-stable statistics. Journal of Structural Geology, 20(4)473-486.

Berkowitz B, Adler P M. 1998. Stereological analysis of fracture network structure in geological formations. Journal of Geophysical Research Atmospheres, 1031(7): 15339-15360.

Berkowitz B, Hadad A. 1997. Fractal and multifractal measures of natural and synthetic fracture networks. Journal of Geophysical Research Atmospheres, 1021(6): 12205-12218.

Berkowitz B, Scher H. 1997. Anomalous transport in random fracture networks. Physical Review Letters, 79(20): 4038-4041.

Billaux D, Chiles J P, Hestir K, Long J. 1989. Three-dimensional statistical modeling of a fractured rock mass-an example from the Fanay-Augres mine. International Journal of Rock Mechanics and Mining Sciences and Geomechanics Abstracts, 26(3-4): 281-299.

Bingham C. 1964. Distribution on Sphere and on the Projective Plane. New Haven: Yale University Press.

Bonnet E. 1997. La localization de la deformation dans les milieu fragiles-ductiles: Approche experimentale et application a la lithosphere continentale, PH. D. Thesis, 200, Geosic Rennes, University of Rennes, Rennes, France.

Bonnet E, Bour O, Odling N E, Davy P, Main I, Cowie P, Berkowitz B. 2001. Scaling of fracture systems in geological media. Reviews of Geophysics, 39(3): 347-383.

Bour O, Davy P. 1997. Connectivity of random fault networks following a power law fault length distribution. Water Resources Research, 33(7): 1567-1584.

Bour O, Davy P. 1999. Clustering and size distribution of fault patterns: theory and measurements. Geophysical Research Letters, 26(13): 2001-2004.

Braee W F, Bombolakis E G. 1963. A note on brittle crack growth in compression. Journal of Geophysical Research Atmospheres, 68(12): 3709-3713.

Bridges M C. 1976. Presentation of fracture data for rock mechanics. Brisbane: Proceedings 2nd Austrilia-New Zealland Conference on Geomechanics: 144-148.

Brooks B A, Allmendinger R W, Barra I G D L. 1996. Fault spacing in the El Teniente Mine, central Chile: Evidence for nonfractal fault geometry. Journal of Geophysical Research Atmospheres, 101(B6): 13633–13653.

Brown S R. 1987. Fluid flow through rock joints: the effect of surface roughness. Journal of Geophysical Research Atmospheres, 92(B2): 1337-1347.

Burgmann R, Pollard D D, Martel S J. 1994. Slip distributions on faults: effects of stress gradients, inelastic deformation, heterogeneous host-rock stiffness, and fault interaction. Journal of Structural Geology,

16(12): 1675-1690.

Cacas M C, Ledoux E, Marsily G D, Tillie B. 1989. The use of stochastic concepts in modeling fracture flow. NewYork: Springer.

Cacas M C, Ledoux E, De Marsily G, Tillie B, Barbreau A, Durand E, Feuga B, Peaudecerf P. 1990. Modeling fracture flow with a stochastic discrete fracture network: calibration and validation 1. The Flow Model. Water Resources Research, 26(3): 479-489.

Caine J S, Tomusiak S R A. 2003. Brittle structures and their role in controlling porosity and permeability in a complex Precambrian crystalline-rock aquifer system in the Colorado Rocky Mountain Front Range. Geological Society of America Bulletin, 115(11): 1410-1424.

Carbotte S M, Mcdonald K C. 1994. Comparison of seafloor tectonic fabric at intermediate, fast, and super fast spreading ridges: influence of spreading rate, plate motions, and ridge segmentation on fault patterns. Journal of Geophysical Research, 991(B7): 13609-13631.

Carter K E, Winter C L. 1995. Fractal nature and scaling of normal faults in the Espanola Basin, Rio Grande rift, New Mexico: implications for fault growth and brittle strain. Journal of Structural Geology, 17(6): 863-873.

Cartwright J A, Trudgill B D, Mansfield C S. 1995. Fault growth by segment linkage: an explanation for scatter in maximum displacement and trace length data from the Canyonlands grabens of SE Utah. Journal of Structueal Geology, 17(9): 1319-1326.

Castaing C, Halawani M A, Gervais F, Chiles J P, Genter A. 1996. Scaling relationships in intraplate fracture systems related to Red Sea rifting. Tectonophysics, 261(4): 291-314.

Cello G. 1997. Fractal analysis of a Quaternary fault array in the central Apennines, Intaly. Journal of Structural Geology, 19(7): 945-953.

Charlaix E, Guyon E, Rivier N. 1984. A criterion for percolation threshold in a random array of plates. Solid State Commun, 50(11): 999-1002.

Childs C, Walsh J J, Watterson J. 1990. A method for estimation of the density of fault displacements below the limits of seismic resolution in reservoir formations. New York: Springer.

Chiles J P. 1988. Fractal and geostatistical methods for modeling of a fracture network. Mathematical Geology, 20(6): 631-654.

Cladouhos T T, Marrett R. 1996. Are fault growth and linkage models consistent with power-law distribution of fault length. Journal of Structural Geology, 18(2-3): 281-293.

Clark R M, Cox S J D. 1996. A modern regression approach to determining fault displacement-length scaling relationships. Journal of Structural Geology, 18(2-3): 147-152.

Clark R M, Cox S J D, Laslett G M. 1999. Generalizations of power-law distributions applicable to sampled fault-trace lengths: model choice, parameter estimation and caveats. Geophysical Journal International, 136(2): 357-372.

Clemo T, Smith L. 1997. A hierarchical model for solute transport in fractured media. Water Resources Research, 33(8): 1763-1783.

Cowie P A, Scholz C H. 1992. Displacement-length scaling relationship for faults: data synthesis and discussion. Journal of Structural Geology, 14(10): 1149-1156.

Cowie P A, Scholz C H, Margo E, Alberto M. 1993. Fault strain and seismic coupling on Mid-Ocean Ridges. Journal of Geophysical Research Atmospheres, 981(B10): 17911-17920.

Cowie P A, Sornette D, Vanneste C. 1995. Multifractal scaling properties of a growing fault population.

Geophysical Journal International, 122(2): 457-469.

Cox S J D, Paterson L. 1990. Damage development during rupture of heterogeneous brittle materials: a numerical study. Geological Society London Special Publications, 54(1): 57-62.

Crave A, Davy P. 1997. Scaling relationships of channel networks at large scales: Examples from two large-magnitude watersheds in Brittany, France. Tectonophysics, 269(1–2): 91-111.

Cruden D M. 1977. Describing the size of discontinuities. International Journal of Rock Mechanics and Mining Sciences Geomechanics Abstracts, 14(3): 133-137.

Cvetkovic V, Painter S, Outters N, Selroos J O. 2004. Stochastic simulation of radionuclide migration in discretely fractured rock near the Äspö Hard Rock Laboratory. Water Resources Research, 40(2): 1-14.

Dauteuil O, Brun J P. 1996. Deformation partitioning in a slow spreading ridge undergoing oblique extension: Mohns Ridge, Norwegian Sea. Tectonics, 15(15): 870-884.

Davy P. 1993. On the frequency-length distribution of the San Andreas Fault System. Journal of Geophysical Research Solid Earth, 98(B7): 12141-12151.

Davy P, Sornette A, Sornette D. 1990. Some consequences of a proposed fractal nature of continental faulting. Nature, 348(6296): 56-58.

Davy P, Sornette A, Sornette D. 1992. Experimental discovery of scaling laws relating fractal dimensions and the length distribution exponent of fault systems. Geophysical Research Letters, 19(4): 361-363.

Davy P, Hansen A, Bonnet E, Zhang S Z. 1995. Localization and fault growth in layered brittle - ductile systems: Implications for deformations of the continental lithosphere. Journal of Geophysical Research Atmospheres, 100(B4): 6281-6294.

Dawers N H, Anders M H, Scholz C H. 1993. Growth of normal faults: displacement-length scaling. Geology, 21(12): 1107-1110.

Dearcangelis L, Herrmann H J. 1989. Scaling and multiscaling laws in random fuse networks. Physical Review B Condensed Matter, 39(4): 2678-2684.

DeHoff R T, Rhines F N. 1968. Quantitative microscopy. New York: McGraw-Hill.

Deng J, Long Q Y, Lung C W. 2001. Self-similarity of the crack front in stress corrosion fracture. Journal of Materials Science & Technology, 17(s1): S69-S72.

Dershowitz W S, Einstein H H. 1988. Characterizing rock joint geometry with joint system models. Rock Mechanics and Rock Engineering, 21(1): 21-51.

Dershowitz W S, Fidelibus C. 1999. Derivation of equivalent pipe network analogues for three-dimensional discrete fracture networks by the boundary element method. Water Resources Research, 35(9): 2685-2692.

Dowd P A, Martin J A, Xu C, Fowell R J, Mardia K V. 2009. A three-dimensional fracture network data set for a block of granite. International Journal of Rock Mechanics and Mining Sciences, 46(5): 811-818.

Dreuzy J R, Darcel C, Davy P, Bour O. 2004. Influence of spatial correlation of fracture centers on the permeability of two-dimensional fracture networks following a power law length distribution. Water Resources Research, 40(1): 1-11.

Einstein H H, Baecher G B. 1983. Probabilistic and statistical methods in engineering geology. Rock Mechanics and Rock Engineering, 16(1): 39-72.

Feder J. 1988. Fractals. New York: Plenum.

Fossen H, Hesthammer J. 1997. Geometric analysis and scaling relations of deformation bands in porous sandstone. Journal of Structueal Geology, 19(12): 1479-1493.

Gauthier B D M, Lake S D. 1993. Probabilistic modeling of faults below the limit of seismic resolution in Pelican field, North Sea, offshore United Kingdom. AAPG Bulletin, 77(5): 761-777.

Gaziev E G, Tiden E N. 1979. Probabilistic approach to the study of jointing in rock masses. Bulletin of the International Association of Engineering Geology, 20(1): 178-181.

Genter A, Castaing C. 1997. Effets d'échelle dans la fracturation des granites. Comptes Rendus Geosciences, 325(6): 439-445.

Gertsch L S. 1995. Three-dimensional fracture network models from laboratory-scale rock samples. International Journal of Rock Mechanics and Mining Sciences and Geomechanics Abstracts, 32(1): 85-91.

Gillespie P A, Howard C B, Walsh J J, Watterson J. 1993. Measurement and characterisation of spatial distributions of fractures. Tectonophysics, 226(1–4): 113-141.

Gillespie P A, Walsh J J, Watterson J. 1992. Limitations of dimension and displacement data from single faults and the consequences for data analysis and interpretation. Journal of Structural Geology, 14(10): 1157-1172.

Gokhale A M. 1996. Estimation of bivariate size and orientation distribution of microcracks. Acta Mater, 44(2): 475-485.

Gonzalez-Garcia R, Huseby O, Thovert J F, Ledesert B, Adler P M. 2000. Three-dimensional characterization of a fractured granite and transport properties. Journal of Geophysical Research Atmospheres, 105(B9): 387-401.

Gonzato G, Mulargia F, Marzocchi W. 1998. Practical application of fractal analysis: problems and solutions. Geophysical Journal International, 132(2): 275-282.

Gross M R, Bahat D, Becker A. 1997. Relations between jointing and faulting based on fracture-spacing ratios and fault-slip profiles: A new method to estimate strain in layered rocks. Geology, 25(10): 887-890.

Hamburger D, Biham O, Avnir D. 1996. Apparent fractality emerging from models of random distributions. Physical Review E Statistical Physics Plasmas Fluids and Related Interdisciplinary Topics, 53(4): 3342-3358.

Harris C, Franssen R, Loosveld R. 1991. Fractal analysis of fractures in rocks: the Cantor's Dust method-comment. Tectonophysics, 198(1): 107-111.

Hatton C G, Main I G, Meredith P G. 1993. A comparison of seismic and structural measurements of scaling exponents during tensile subcritical crack growth. Journal of Structural Geology, 15(12): 1485-1495.

Hatton C G, Main I G, Meredith P G. 1994. Nonuniversal scaling of fracture length and opening displacement. Nature, 367(6459): 160-162.

Heffer K J, Bevan T G. 1990. Scaling relationships in natural fractures: data, theory, and application. Proceedings of the 2nd European Petroleum Conference: 367-376.

Helmig R, Braun C, Manthey S. 2002. Upscaling of two-phase flow processes in heterogeneous porous media: determination of constitutive relationships. Iash-Aish Publican, 46(277): 28-36.

Hentschel H G E, Procaccia I. 1983. The infinite number of generlised dimensions of fractals and strange attractors. Physica D Nonlinear Phenomena, 8(3): 435-444.

Hestir K, Long J C S. 1990. Analytical expressions for the permeability of random two-dimensional Poisson fracture networks based on regular lattice percolation and equivalent media theories. Journal of Geophysical Research Atmospheres, 95(B13): 21565-21581.

Hestir K, Long J, Aydin A, Brown S R, Einstein H H, Hsieh P A, Mayer L R, Nolte K G, Olsson O L, Paillet

F L, Smith J L, Thomsen L. 1996. Rock fractures and fluid flow: contemporary understanding and application. Washington: National Academy Press.

Hirata T, Hirata T. 1989. Fractal dimension of fault systems in Japan: Fractal structure in rock fracture geometry at various scales. Pure and Applied Geophysics, 131(1): 157-170.

Hoek E. 1990. Estimating Mohr-Coulomb friction and cohesion values from the Hoek-Brown failure criterion. International Journal of Rock Mechanics and Mining Sciences and Geomechanics Abstracts, 27(3): 227-229.

Hounsfield G N. 1978. Potential uses of more accurate CT absorption values by filtering. American Journal of Roentgenology, 131(1): 103-106.

Hudson J A, Priest S D. 1979. Discontinuities and rock mass geometry. International Journal of Rock Mechanics & Mining Science & Geomechanics Abstracts, 16(6): 339-362.

Hudson J A, Priest S D. 1983. Discontinuity frequency in rock masses. International Journal of Rock Mechanics and Mining Sciences and Geomechanics Abstracts, 20(2): 73-89.

Huseby O, Thovert J F, Alder P M. 1997. Geometry and topology of fracture systems. Journal of Physics A General Physics, 30(5): 1415-1444.

Jackson P, Sanderson D J. 1992. Scaling of fault displacements from the Badajoz-Cordoba shear zone, SW Spain. Tectonophysics, 210(3-4): 179-190.

Jeong W C, Cho Y S, Song J W. 2001. A numerical study of fluid flow and solute transport in a variable-aperture fracture using geostatistical method. KSCE Journal of Civil Engineering, 5(4): 357-369.

John A, Hudson A, Bakstrom J, Rutqvist L, Jing T, Backers M, Christiansson C R, Feng X T, Kobayashi A, Koyama T, Lee H S, Neretnieks I, Pan P Z, Rinne M, Shen B T. 2009. Characterising and modelling the excavation damaged zone in crystalline rock in the context of radioactive waste disposal. Environmental Geology, 57(6): 1275-1297.

Johnston J D. 1994. Fractal geometries of filled fracture systems-Scaling of mechanism. Tectonic Studies Group Special Meeting, Edinburgh, October 19-20, Fault Population, Extended Abstract Volume: 64-66.

Johnston J D, McCaffrey K J W. 1996. Fractal geometries of vein systems and the variation of scaling relationships with mechanism. Journal of Structural Geology, 18(2-3): 349-358.

Journel A G. 1977. Kriging in terms of projections. Mathematical Geosciences, 9(6): 563-586.

Journel A G, Huijbregts Ch J. 1978. Mining Geostatistics. London: Academic Press.

Kagan Y Y. 1997. Seismic moment-frequency relation for shallow earthquakes: regional comparison. Journal of Geophys Research, 102(B2): 2835-2852.

Keehm Y, Mukerji T, Sternlof K. 2006. Computational estimation of compaction band permeability in sandstone. Geosciences Journal, 10(4): 499-505.

Kemeny J, Post R. 2003. Estimating three-dimensional rock discontinuity orientation from digital images of fracture traces. Computers & Geosciences, 29(1): 65-77.

Kendall M G, Moran P A P. 1963. Geometrical probability. New York: Hafner.

Kim Y S; Andrews, J R; Sanderson D J. 2001. Reactivated strike–slip faults: examples from north Cornwall, UK. Tectonophysics, 340(3-4): 173-194.

King G. 1983. The accommodation of large strains in the upper lithosphere of the earth and other solids by self-similar fault systems: the geometrical origin of b-Value. Pure and Applied Geophysics, 121(5): 761-815.

Kirkpatrick S, Gelatt C D, Vecchi M P. 1983. Optimization by simulated annealing. Science, 220(4598):

671-680.

Koike K. 2006. Spatial correlation structures of fracture systems for identifying a scaling law and modeling fracture distributions. Computers & Geosciences, 32(8): 1079-1095.

Koike K, Kaneko K, Hayashi K. 1999. Characterization and modeling of fracture distribution in rock mass using fractal theory. Geothermal Science and Technology, 6(1): 43-62.

Koike K, Komorida K, Ichikawa Y. 2001. Three-dimensional distribution modeling of rock fractures for estimating rock mass permeability. Geological Data Processing, 12(2): 84-85.

Koike K, Liu C X, Sanga T. 2012. Incorporation of fracture directions into 3D geostatistical methods for a rock fracture system. Environmental Earth Sciences, 66(5): 1403-1414.

Koike K, Nagano S, Ohmi M. 1995. Lineament analysis of satellite images using a Segment Tracing Algorithm (STA). Computers & Geosciences, 21(9): 1091-1104.

Kosakowski G, Kasper H, Taniguchi T, Kolditz O, Zielke W. 1997. Analysis of groundwater flow and transport in fractured rock–geometric complexity of numerical modelling. Zeitschrift für Angewandte Geologie, 43(2): 81-84.

Krantz R L. 1983. Microcracks in rocks: a review. Tectonophysics, 100(1): 449-480.

Kulatilake P H S W, Wu T H. 1984. Estimation of mean trace length discontinuities. Rock Mechanics and Rock Engineering, 17(4): 215-232.

LaPointe P R. 1988. A method to characterize fracture density and connectivity through fractal geometry. International Journal of Rock Mechanics and Mining Sciences and Geomechanics Abstracts, 25(6): 421-429.

Ledésert B, Dubois J, Velde B, Meunier A, Genter A, Badri A. 1993. Geometrical and fractal analysis of a three-dimensional hydrothermal vein network in a fractured granite. Journal of Volcanology and Geothermal Research, 56(3): 267-280.

Lee J J, Bruhn R. 1996. Structural anisotropy of normal fault surfaces. Journal of Structural Geology, 18(8): 1043-1059.

Line C E R, Snyder D B, Hobbs R W. 1997. The sampling of fault populations in dolerite sills of central Sweden and implications for resolution of seismic data. Journal of Structural Geology, 19(5): 687-701.

Liu C X, Koike K. 2007. Extending multivariate space-time geostatistics for environmental data analysis. Mathematical Geosciences, 39(3): 289-305.

Liu H H, Bodvarsson G S. 2001. Constitutive relations for unsaturated flow in a fracture network. Journal of Hydrology, 252(1): 116-125.

Lockner D A, Moore D E, Reches Z. 1992. Microcracks interaction leading to shear fracture. In: Tillerson J R, Wawersik W R (eds.). Rock Mechanics: Proceedings of the 33rd U. S. Symposium on Rock Mechanics: 897-816.

Long J C S, Billaux D M. 1987. From field data to fracture network modeling: an example incorporating spatial structure. Water Resources Research, 23(7): 1201-1216.

Long J C S, Witherspoon P A. 1985. The relationship of the degree of interconnection to permeability in fracture networks. Journal of Geophysical Research Solod Earth, 90(B4): 3087-3097.

Long J C S, Wilson C R, Remer J S, Witherspoon P A. 1982. Porous media equivalents for networks of discontinuous fractures. Water Resources Research, 18(3): 645-658.

Main I G. 1996. Statistical physics, seismogenesis, and seismic hazard. Reviews of Geophysics, 34(4): 433-462.

Main I G, Burton P W. 1984. Information theory and the earthquake frequency magnitude distribution. Bulletin of the Seismological Society of America, 74(4): 1409-1426.

Main I G, Meredith P G, Sammonds P R, Jones C. 1990. Influence of fractal flaw distributions on rock deformation in the brittle field. Geological Society London Special Publications, 54(1): 81-96.

Mandelbort B B. 1982. The fractal geometry of nature. New York: W. H. Freeman.

Mandelbrot B B. 1985. Self-Affine Fractals and Fractal Dimension. Physica Scripta, 32(4): 257-260.

Mandelbrot B B, Wheeler J A. 1983. The fractal geometry of nature. American Journal of Physics, 51(3): 286-287.

Marrett R. 1996. Aggregate properties of fracture populations. Journal of Structural Geology, 18(2): 169-178.

Marrett R, Allmendinger R W. 1991. Estimates of strain due to brittle faulting: sampling of fault populations. Journal of Structural Geology, 13(6): 735-738.

Marsan D. 2006. Can coseismic stress variability suppress seismicity shadows? Insights from a rate-and-state friction model. Journal of Geophysical Research, 111(B6): 3197-3215.

Matheron G. 1963. Principles of geostatistics. Economic Geology, 58(8): 1246-1266.

Matsumoto N, Yomogida K, Honda S. 1992. Fractal analysis of fault systems in Japan and the Philippines. Geophysical Research Letters, 19(4): 357-360.

McDermott C I, Kolditz O. 2006. Geomechanical model for fracture deformation under hydraulic, mechanical and thermal loads. Hydrogeology Journal, 14(4): 485-498.

Miller S M, Borgman L E. 1985. Spectral-type simulation of spatially correlated fracture set properties. Mathematical Geosciences, 17(1): 41-52.

Montemagno C D; Pyrak N L J. 1995. Porosity of natural fracture networks. Geophysical Research Letters, 22(22): 1397-1400.

Moore D E, Lockner D A. 1995. The role of microcracking in shear fracture propagation, in granite. Journal of Structural Geology, 17(1): 95-114.

Mourzenko V V, Thovert J F, Adler P M. 2004. Permeability of three-dimensional fracture networks with power-law size distribution. Physical Review E Statistical Nonlinear and Soft Matter Physics, 72(2): 257-265.

Nicol A, Walsh J J, Watterson J, Gillespie P A. 1996. Fault size distributions-are they really power-law. Journal of Structural Geology, 18(2): 191-197.

Nur A. 1982. The origin of tensile fracture lineaments. Journal of Structural Geology, 4(1): 31-40.

Oda M. 1986. An equivalent continuous model for coupled stress and fluid flow analysis in jointed rock masses. Water Resources Research, 22(13): 1845-1856.

Odling N E. 1992. Network properties of a two-dimensional natural fracture pattern. Pure and Applied Geophysics, 138(1): 95-114.

Odling N E. 1997. Scaling and connectivity of joint system in sandstones from western Norway. Journal of Structural Geology, 19(10): 1257-1271.

Odling N E, Gillespie P, Bourgine B, Castaing C, Chiles J P. 1999. Variations in fracture system geometry and their implications for fluid flow in fractured hydrocarbon reservoirs. Petroleum Geoscience, 5(4): 373-384.

Okubo P G, Aki K. 1987. Fractal geometry in the San Andreas Fault system. Journal of Geophysical Research, 92(B1): 345-355.

Ouillon G, Castaing C, Sornette D. 1996. Hierarchical geometry of faulting. Journal of Geophysical Research

Atmospheres, 101(B3): 5477-5488.

Peacock D C P. 1991. Displacements and segment linkage in strike-slip fault zones. Journal of Structural Geology, 13(9): 1025-1035.

Peacock D C P, Sanderson D J. 1991. Displacements, segment linkage and relay ramps in normal fault zones. Journal of Structural Geology, 13(6): 721-733.

Peacock D C P, Sanderson D J. 1997. Geometry and development of normal faults. New York: Springer.

Peyrat S, Olsen K B, Madariaga R. 2004. Which dynamic rupture parameters can be estimated from strong ground motion and geodetic data. Pure and Applied Geophysics, 161(11): 2155-2169

Pickering G, Bull J M, Sanderson D J. 1995. Sampling power-law distributions. Tectonophysics, 248(1–2): 1-20.

Pickering G, Peacock D C P, Sanderson D J , Bull J M. 1997. Modeling tip zones to predict the throw and length characteristics of faults. AAPG Bulletin, 81(1): 82-99.

Piggott A R. 1997. Fractal relations for the diameter and trace length of disc-shaped fractures. Journal of Geophysical Research Atmospheres, 102(B8): 18121-18125.

Poliakov A N B, Herrmann H J. 1994. Self-organized criticality of plastic shear bands in rocks. Geophysical Research Letters, 21(19): 2143-2146.

Power W L, Durham W B. 1997. Topography of natural and artificial fractures in granitic rocks: implications for studies of rock friction and fluid migration. International Journal of Rock Mechanics and Miningences, 34(6): 979-989.

Power W L, Tullis T E. 1991. Euclidean and fractal models for the description of rock surface roughness. Journal of Geophysical Research Atmospheres, 96(B1): 415-424.

Power W L, Tullis T E, Brown S R, Boitnott G N, Schoiz C H. 1987. Roughness of natural fault surfaces. Geophysical Research Letters, 14(1): 29-32.

Power W L, Tullis T E, Weeks J D. 1988. Roughness and wear during brittle faulting. Journal of Geophysical Research Atmospheres, 93(B12): 15268-15278.

Priest S D. 1993. Discontinuity analysis for rock engineering. London: Chapman &Hall.

Priest S D, Hudson J A. 1976. Discontinuity spacings in rock. International Journal of Rock Mechanics & Mining Science & Geomechanics Abstracts, 13(5): 135-148.

Priest S D, Hudson J A. 1981. Estimation of discontinuity spacing and trace length using scanline surveys. International Journal of Rock Mechanics and Mining Sciences Geomechanics Abstracts, 18(3): 183-197.

Pyrak-Nolte L J, Montemagno C D, Nolte D D. 1997. Volumetric imaging of aperture distributions in connected fracture networks. Geophysical Research Letters, 24(18): 2343-2346.

Reches Z. 1986. Network of shear faults in the field and in experiment, in Fragmentation, Form and Flow in Fractured Media, edited by R. Englman and Z. Jaeger. Annals of the Israel Physical Society. (8): 42-51

Renard F, Voisin C, Marsan D, Schmittbuhl J. 2006. High resolution 3D laser scanner measurements of a strike-slip fault quantify its morphological anisotropy at all scales. Geophysical Research Letters, 33(4): 347-360.

Renshaw C E. 1996. Influence of subcritical fracture growth on the connectivity of fracture networks. Water Resources Research, 32(6): 1519-1530.

Renshaw C E. 1999. Connectivity of joint networks with power law length distributions. Water Resources Research, 35(9): 2661-2670.

Renshaw C E, Park J C. 1997. Effect of mechanical interactions on the scaling of fracture length and aperture.

Nature, 386(6624): 482-484.

Riley M S. 2004. An algorithm for generating rock fracture patterns: mathematical analysis. Mathematical Geology, 36(6): 683-702.

Robertson A M. 1970. The interpretation of geological factors for use in Slope Theory. South Africa: Balkema.

Rouleau A, Gale J E. 1985. Statistical characterization of the fracture system in the Stripa granite, Sweden. International Journal of Rock Mechanics and Mining Sciences Geomechanics Abstracts, 22(6): 353-367.

Ryan J L, Lonergan L, Jolly R J H. 2000. Fracture spacing and orientation distributions for two - dimensional data sets. Journal of Geophysical Research Solid Earth, 105(B8): 19305-19320.

Sagy A, Brodsky E E, Axen G J. 2007. Evolution of fault-surface roughness with slip. Geology, 35(3): 283-286.

Schlische R W, Young S S, Ackermann R V, Gupta A. 1996. Geometry and scaling relations of a population of very small rift-related normal faults. Geology, 24(8): 683-686.

Schmittbuhl J, Chambon G, Hansen A, Bouchon M. 2006. Are stress distributions along faults the signature of asperity squeeze? Geophysical Research Letters, 33: L13307.

Schmittbuhl J, Gentier S, Roux R. 1993. Field measurements of the roughness of fault surfaces. Geophysical Research Letters, 20(8): 639-641.

Scholz C H, Cowie P A. 1990. Determination of total strain from faulting using slip measurements. Nature, 346(6287): 837.

Scholz C H, Dawers N H, Yu J Z, Anders M H, Cowie P A. 1993. Fault growth and fault scaling laws: preliminary results. Journal of Geophysical Research, 98(B12): 21951-21961.

Schultz R A, Fossen H. 2002. Displacement-length scaling in three-dimensions: the importance of aspect ratio and application to deformation bands. Journal of Structural Geology, 24(9): 1389-1411.

Segall P, Pollard D D. 1983. Nucleation and growth of strike slip faults in granite. Journal of Geophysical Research Solid Earth, 88(B1): 555-568.

Shanley R J, Mahtb M A. 1976. Delineation and analysis of clusters in orientation data. Mathematical Geology, 8(1): 9-23.

Sheriff R E, Geldart L P. 1995. Exploration seismology. New York: Cambridge University Press.

Snow D T. 1969. Anisotropic permeability of fractured media. Water Resources Research, 5(6): 1273-1289.

Snow D T. 1990. The frequency and apertures of fracture in rock. International Journal of Rock Mechanics and Mining Sciences and Geomechanics Abstracts, 7(1): 23-40.

Stauffer D, Aharony A. 1994. Introduction to percolation theory. 2nd edition, Taylor and Francis, Bristol.

Sornette D, Sornette A. 1999. General theory of the modified Gutenberg-Richter law for large seismic moments. Bulletin of the Seismological Society of America, 89(4): 1121-1130.

Sornette A, Davy P, Sornette D. 1993. Fault growth in brittle - ductile experiments and the mechanics of continental collisions. Journal of Geophysical Research, 98(98): 12111-12139.

Stauffer F, Rauber M. 1995. Remediation study for stochastically generated heterogeneous gravel aquifers. International Journal of Rock Mechanics and Mining Sciences and Geomechanics Abstracts, 32(7): 314A.

Steen, Andresen A. 1999. Effects of lithology on geometry and scaling of small faults in Triassic sandstones, East Greenland. Journal of Structural Geology, 21(21): 1351–1368.

Stone D. 1984. Sub-surface fracture maps predicted from borehole data: an example from the Eye-Dashwa pluton, Atikokan, Canada. International Journal of Rock Mechanics and Mining Sciences and Geomechanics Abstracts, 21(4): 183-194.

Surrette M, Allen D M, Journeay M. 2008. Regional evaluation of hydraulic properties in variably fractured rock using a hydrostructural domain approach. Hydrogeology Journal, 16(1): 11-30.

Terzaghi R. 1965. Sources of errors in joint surveys. Geotechnique, 15(3): 287-303.

Tran N H, Chen Z, Rahman S S. 2006. Integrated conditional global optimization for discrete fracture network modeling. Computers and Geosciences, 32(1): 17-27.

Trudgill B, Cartwright J. 1994. Relay-ramp forms and normal-fault linkages, Canyonlands National Park, Utah. Geological Society of America Bulletin, 106(9): 1143-1157.

Tsang Y W, Tsang C F. 1987. Channel model of flow through fractured media. Water Resources Research, 23(3): 467-479.

Turcotte D L. 1986. Fractals and fragmentation. Journal of Geophysical Research-Solid Earth and Planets, 91(B2): 1921-1926.

Turcotte D L. 1992. Fractals and chaos in geology and geophysics. Cambridge: Cambridge University Press.

Vermilye J M, Scholz C H. 1995. Relation between vein length and aperture. Journal of Structural Geology, 17(3): 423-434.

Villaescusa E, Brown E T. 1992. Maximum likehood estimation of joint size from trace measurements. Rock Mechanics and Rock Engineering, 25(2): 67-87.

Villemin T, Angelier J, Sunwoo C. 1995. Fractal distribution of fault length and offsets: implications of brittle deformation Evaluation-Lorraine coal basin. New York: Springer.

Voeckler H, Allen D M. 2012. Estimating regional-scale fractured bedrock hydraulic conductivity using discrete fracture network (DFN) modeling. Hydrogeology Journal, 20(6): 1081-1100.

Walmann T, Malthe-Sørensen A, Feder J, Jøssang T, Meakin P. 1996. Scaling relations for the lengths and widths of fractures. Physical Review Letters, 77(27): 5393-5396.

Walsh J J, Watterson J. 1988. Analysis of the relationship between the displacements and dimensions of faults. Journal of Structural Geology, 10(3): 239-247.

Walsh J J, Watterson J. 1993. Fractal analysis of fracture pattern using the standard box-counting technique: valid and invalid methodologies. Journal of Structural Geology, 15(12): 1509-1512.

Walsh J, Watterson J, Yielding G. 1991. The importance of small-scale faulting in regional extension. Nature, 351(6325): 391-393.

Warburton P M. 1980. Stereological interpretation of joint trace data: Influence of joint shape and implications for geological surveys. International Journal of Rock Mechanics & Mining Sciences & Geomechanics Abstracts, 17(6): 305-316.

Watterson J. 1986. Fault dimensions, displacements and growth. Pure and Applied Geophysics, 124(1): 365-373.

Watterson J, Walsh J J, Gillespie P A, Easton S. 1996. Scaling systematics of fault sizes on a large-scale range fault map. Journal of Structural Geology, 18(2): 199-214.

Westaway R. 1994. Quantitative analysis of populations of small faults. Journal of Structural Geology, 16(9): 1259-1273.

Willemse E J M. 1997. Segmented normal faults: correspondence between three-dimensional mechanical models and field data. Journal of Geophysical Research Solid Earth, 102(B1): 675-692.

Willemse E J M, Pollard D D, Aydin A. 1996. Three-dimensional analyses of slip distributions on normal fault arrays with consequences for fault scaling. Journal of Structural Geology, 18(2-3): 295-309.

Witherspoon P A, Iwaj K, Wang J S Y, Gale J E. 1980. Validity of Cubic Law for fluid flow in a deformable rock fracture. Water Resources Research, 16(6): 1016-1024.

Wojtal S F. 1994. Scaling laws and the temporal evolution of fault systems. Journal of Structural Geology, 16(4): 603-612.

Wojtal S F. 1996. Changes in fault displacement populations correlated to linkage between faults. Journal of Structural Geology, 18(2): 265-279.

Wong T F, Fredrich J T, Gwanmesia G D. 1989. Crack aperture statistics and pore space fractal geometry of Westerly granite and Rutland quartzite: implications for elastic contact model of rock compressibility. Journal of Geophysical Research Atmospheres, 941(B8): 10267-10278.

Wu H, Pollard D D. 1995. An experimental study of the relationship between joint spacing and layer thickness. Journal of Structural Geology, 17(6): 887-905.

Xu J D, Jacobi R D. 2003. Estimation of 2-D and 3-D fracture densities from 1-D data - experimental and field results. Acta Geologica Sinica, 77(4): 491-503.

Yeo I W. 2001. Effect of fracture roughness on solute transport . Geosciences Journal, 5(2): 145-151.

Yeomans J M, Rudnick J. 1992. Statistical mechanics of phase transitions. Physics Today, 46(7): 80.

Yielding G, Needham T, Jones H. 1996. Sampling of fault populations using sub-surface data: a review. Journal of Structural Geology, 18(2-3): 135-146.

Yielding G, Walsh J J, Watterson J. 1992. The prediction of small scale faulting in reservoirs. First Break, 10(1263): 449-460.

Zhang L, Einstein H H. 1998. Estimating the mean trace length of rock discontinuities. Rock Mechanics and Rock Engineering, 31(4): 217-235.

Zimmerman R W, Bodvarsson G S. 1996. Hydraulic conductivity of rock fractures. Transport in Porous Media, 23(1): 1-30.

Zoback M D, Barton C A, Brudy M, Castillo D A, Finkbeiner T. 2003. Determination of stress orientation and magnitude in deep wells. International Journal of Rock Mechanics and Mining Sciences, 40(7-8): 1049-1076.

彩　图

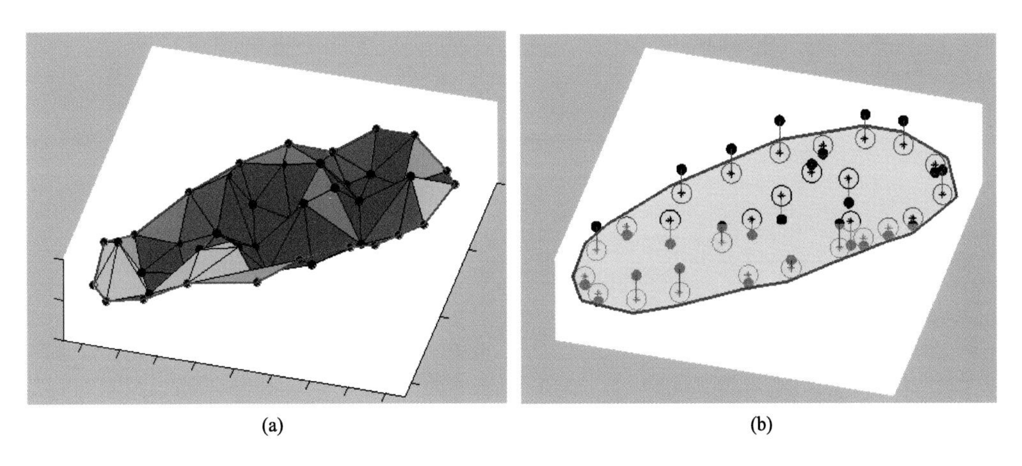

彩图 1　裂隙三维空间曲面（a）及裂隙中心面（b）

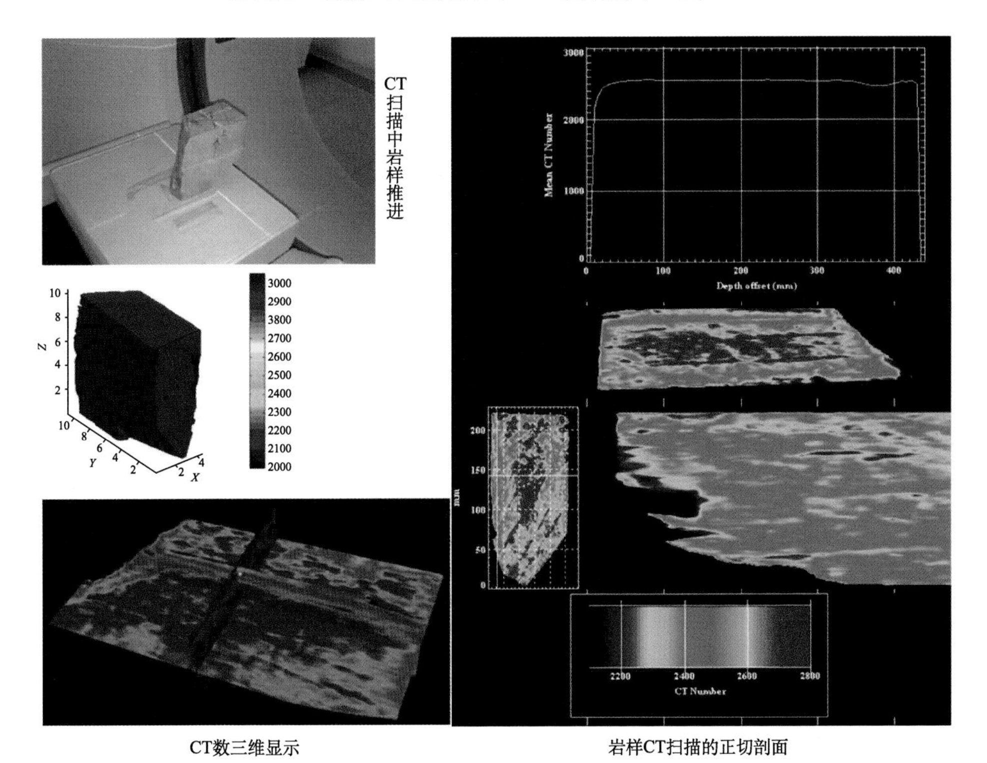

彩图 2　岩石 CT 扫描及结果

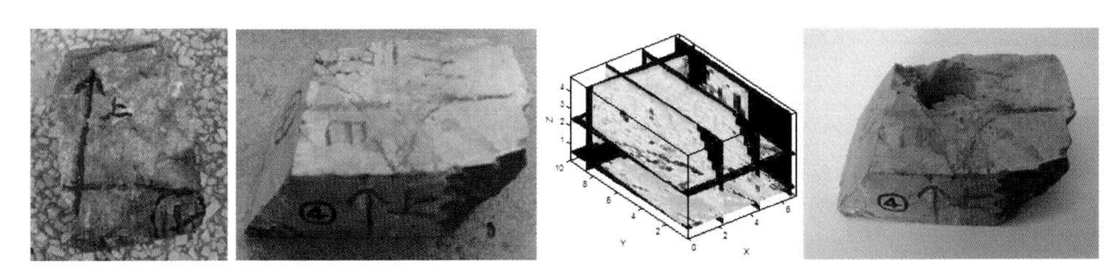

彩图 3　岩石样品（从左到右分别为打块、切割、CT 扫描成像、钻心）

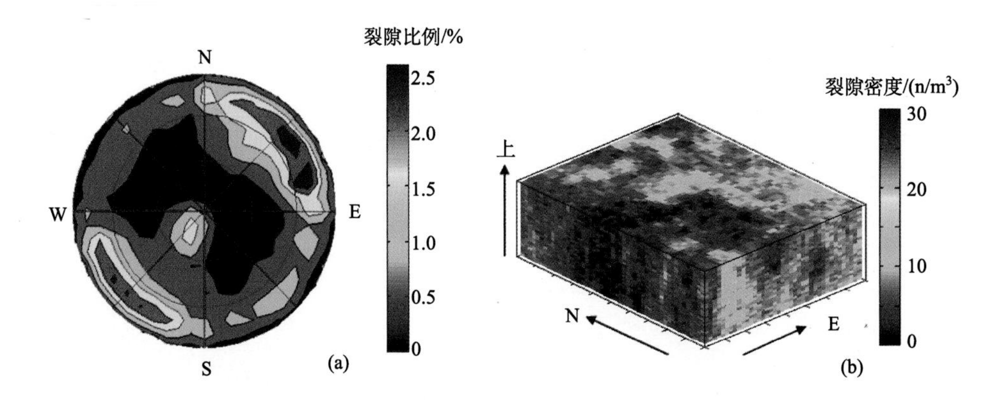

彩图 4　样本裂隙方向频率分布极点图(a)及估计裂隙密度空间分布图(b)

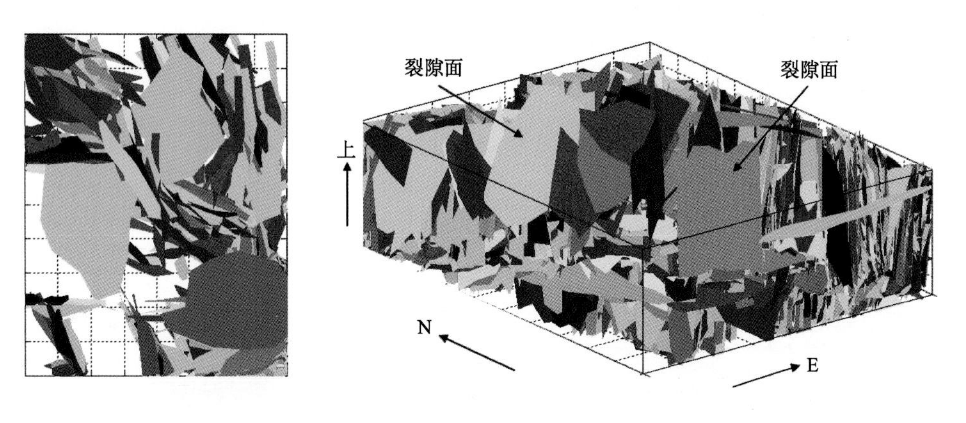

彩图 5　高松矿田裂隙网络空间分布俯视图(a)和立体图(b)

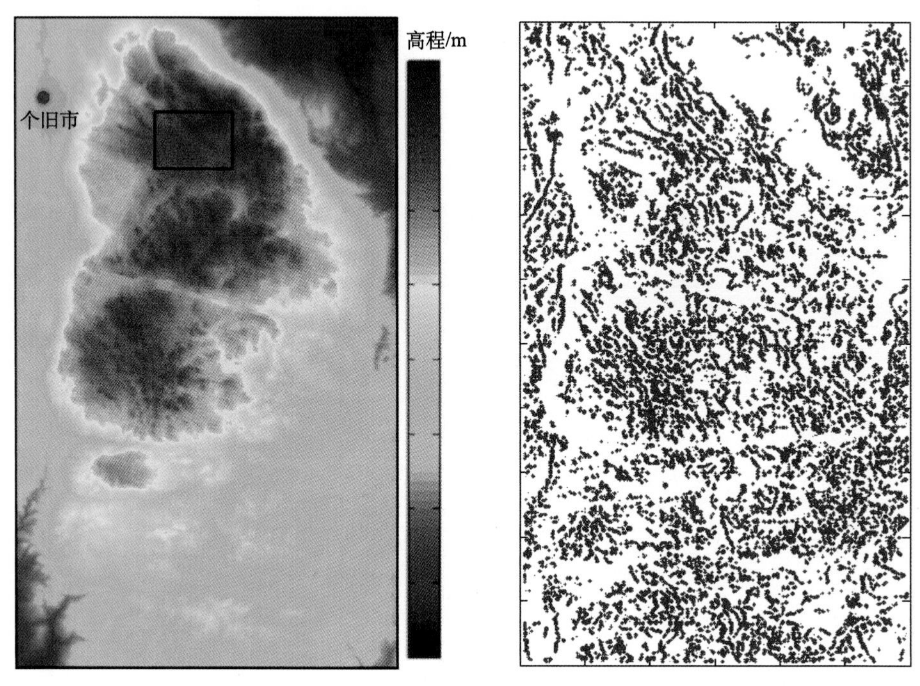

彩图 6　个旧锡矿 DEM 地形图（a）及线性构造图（b）